Twana Amin

Implementação do Lean Construction utilizando o sistema Last Planner no Iraque

Twana Amin

Implementação do Lean Construction utilizando o sistema Last Planner no Iraque

ScienciaScripts

Imprint
Any brand names and product names mentioned in this book are subject to trademark, brand or patent protection and are trademarks or registered trademarks of their respective holders. The use of brand names, product names, common names, trade names, product descriptions etc. even without a particular marking in this work is in no way to be construed to mean that such names may be regarded as unrestricted in respect of trademark and brand protection legislation and could thus be used by anyone.

Cover image: www.ingimage.com

This book is a translation from the original published under ISBN 978-620-2-19810-3.

Publisher:
Sciencia Scripts
is a trademark of
Dodo Books Indian Ocean Ltd. and OmniScriptum S.R.L publishing group

120 High Road, East Finchley, London, N2 9ED, United Kingdom
Str. Armeneasca 28/1, office 1, Chisinau MD-2012, Republic of Moldova, Europe
Printed at: see last page
ISBN: 978-620-8-04902-7

ÍNDICE DE CONTEÚDOS

RESUMO 2

DEDICAÇÃO 3

RECONHECIMENTO 4

LISTA DE ABREVIATURAS 5

Capítulo 1 7

Capítulo 2 12

Capítulo 3 31

Capítulo 4 39

Capítulo 5 84

REFERÊNCIAS 87

APÊNDICES 92

RESUMO

Com o declínio contínuo das margens de lucro e o aumento da concorrência nos projectos de construção, os empreiteiros de construção continuam a procurar formas de eliminar o desperdício e aumentar o lucro. Uma importante iniciativa de melhoria, com impactos práticos diretos, tem sido a adoção da Construção Enxuta (LC). A técnica de LC mais conhecida é o Last Planner System (LPS), que tem demonstrado ser uma ferramenta muito útil para a gestão do processo de construção e para a monitorização contínua da eficiência do planeamento.

Atualmente, no Norte do Iraque, o aumento do crescimento económico e a urbanização das cidades em desenvolvimento conduziram a actividades de construção extensivas que geram grandes quantidades de resíduos. Os resíduos em projectos de construção resultaram em enormes contratempos financeiros para os construtores e empreiteiros. Para além disso, podem também causar efeitos significativos sobre a estética, a saúde e o ambiente em geral. Estes resíduos têm de ser geridos e os seus impactos têm de ser verificados para abrir caminho a uma gestão adequada, mas em muitas cidades do Iraque a gestão de resíduos continua a ser um problema.

O principal objetivo deste estudo é investigar as causas dos resíduos na indústria da construção, a que nível o LC e o LPS foram implementados e os efeitos da implementação do LC utilizando o LPS no Norte do Iraque. A investigação inclui um extenso estudo da literatura, entrevistas com engenheiros civis, gestores de projectos, empreiteiros e um estudo de caso, a análise desta informação para desenvolver conclusões, e a sua extensão para apresentar as questões-chave que poderiam ser orientadas para a implementação do LC utilizando o LPS. O estudo contribuirá assim para melhorar a prática de gestão e pode ajudar a estabelecer uma base para o desenvolvimento de mais investigação na área do LC. Os resultados da investigação podem informar os profissionais da oportunidade de implementar métodos de gestão alternativos na construção, e dar uma boa conta das oportunidades e desafios. Para além dos benefícios diretos para a prática de gestão, o estudo também contribuirá para a prática, oferecendo recomendações práticas que podem ajudar a alcançar todo o potencial do Lean e do LPS no Norte do Iraque.

Palavras-chave: Lean Construction, Last Planner System, Gestão de Resíduos, Indústria de Construção do Norte do Iraque.

DEDICAÇÃO

À minha querida família

RECONHECIMENTO

O apoio e a colaboração de numerosas pessoas tornaram este estudo impossível, às quais agradeço o seu empenhamento. Para começar, agradeço a Deus Todo-Poderoso e Glorioso, por todas as suas intermináveis dádivas. Além disso, gostaria de agradecer ao Professor Associado Dr. Ibrahim Yitmen por todo o seu cuidado e orientação no caminho para a realização desta exploração.

Gostaria de agradecer à minha amiga e irmã Avesta, por ter demonstrado entusiasmo pelo meu estudo e por ter partilhado dados proveitosos. Para além disso, gostaria de agradecer a todos os membros da empresa que demonstraram um entusiasmo extraordinário pelo Last Planner System. Sem o seu apoio, investimento e recomendações, esta exploração não teria sido concluída.

Para terminar, os meus sinceros agradecimentos aos meus pais e ao meu irmão mais velho, Zana Othman, pelo seu amor, apoio e confiança inabalável nas minhas capacidades. Tenho a sorte de os ter na minha vida. O meu agradecimento especial vai para a minha querida esposa Hozan Ahmed, que estabeleceu os mais elevados padrões de desempenho para que eu trabalhasse mais diligentemente e seguisse o seu caminho.

LISTA DE ABREVIATURAS

LC	Lean Construction
LPS	Last Planner System
LP	Last Planner
CM	Construction Management
NI	Northern Iraq
LT	Lean Thinking
IPD	Integrated Project Delivery
LP	Lean Production
MIT	International Motor Vehicle Program
TPS	Toyota Production System
LT	Lean Thinking
LPS	Lean Production System
LPDS	Lean Project Delivery System
PM	Project Manager
PMBOK	Project Management Body of Knowledge
CPM	Critical Path Method
PMI	Project Management Institute
IPD	Integrated Project Delivery
AIACC	American Institute of Architects California Council
ITQC	Institute for Technology and Quality in Construction
WWP	Weekly Work Plan
PPC	Percent Plan Complete
LAP	Look Ahead Planning
PPS	Phase Pull Schedule
6WLAP	Six Week Look-ahead Planning
3WLAP	Three Week Look-ahead Planning
GC	General Contractor
AEC	Architecture, Engineering, and Construction

BS	Baseline Schedule
CO	Change Order
CSFs	Critical Success Factors
EVM	Earned Value Method
JIT	Just-in-Time
LCI	Lean Construction Institute
PCT	Percent Complete
RFI	Request for Information
SCM	Supply Chain Management
TQM	Total Quality Management
MP	Master Plane
PPP	Phase Pull Planning

Capítulo 1

INTRODUÇÃO

1.1 Antecedentes

Os estudos e inquéritos recentes mostram que 30% dos custos de construção resultam da falta de eficiência, erro, sustentabilidade e ausência de comunicação Forbes et al. (2004). A indústria da construção nos países desenvolvidos e em desenvolvimento confronta-se com obstáculos preocupantes semelhantes. Nestes países, o conceito de desempenho da construção sofre de falta de concentração na eficiência e na qualidade da iniciativa. O estudo de muitas investigações revelou a tendência da indústria para qualificar o desempenho da construção em termos dos seguintes requisitos: conclusão a tempo, conclusão dentro do orçamento financiado, cumprimento dos requisitos e códigos de construção (Koskela, 2008). De facto, muito pouca atenção foi dedicada ao proprietário da construção como uma medida chave de desempenho. Koskela (2008) aconselhou que os estudos exclusivamente explicativos e as novas técnicas de gestão poderiam progredir e ser implementadas na prática nas abordagens de investigação não tradicionais, como a construção e a investigação-ação. Isto pode ajudar a resolver vários dos problemas de gestão persistentes para aumentar o desempenho e conduzir a muito conhecimento no campo da gestão da construção (CM).

A construção é uma série de acções destinadas a obter um determinado resultado (Koskela, 1992). O processo de construção é normalmente dividido em fases principais, para cada uma das quais se calcula o custo dos materiais, das máquinas, do equipamento e da mão de obra, bem como o prazo para a conclusão de cada fase. Estas fases consistem seguramente em certas actividades que convertem entradas em saídas e podem ser realizadas separadamente. Em cada fase dos processos de construção e conceção são produzidos, direta ou indiretamente, resíduos. A redução dos resíduos no âmbito da conceção é incrivelmente complicada, uma vez que a quantidade de materiais e o número de actividades planeadas podem ser muito grandes para a realização de um único produto, como um projeto de infra-estruturas ou um edifício (Koskela, 1992). Considerando que, com a adição de mais criadores de resíduos nas várias fases de construção ou através de subcontratação, o processo torna-se cada vez mais complicado (Keys, Baldwin, & Austin, 2000). A falta de um quadro teórico e concetual na construção continua a existir apesar desta escassez de modelos de atividade. O foco nas actividades esconde o desperdício gerado nas actividades em curso através da entrega imprevista de recursos ou da libertação de trabalho. Por outras palavras, os acontecimentos actuais e as formas de produção fazem com que estas actividades sejam tidas em conta e ignoram as deficiências e as considerações de valor (Koskela, 1992).

Os resíduos de construção são organizados com base no tipo, na quantidade, etc. Apesar das diferentes disposições, a maior parte delas segue a mesma ideia principal. Shingo (1984) separou os resíduos de construção em sete tipos com base nas suas razões. Estas razões são a própria organização, o stock, a operação, o transporte, o período de espera, a sobreprodução e o defeito. Num outro estudo, Koskela (1992) contabilizou a deficiência, a revisão, o erro de projeto, a supervisão, a sequência de substituição, a segurança, o custo e o consumo excessivo de materiais como recolhas de resíduos que surgem nos procedimentos de construção.

O crescimento gradual da cooperação internacional e a ausência de peritos ou de esforços experientes exigem uma procura urgente para aumentar a excelência dos padrões, a criatividade e a implementação de novas competências na projeção da construção (Koskela, 1992).

Os resíduos são afectados por muitas restrições do processo de conceção, tais como a complexidade da conceção, a seleção dos materiais, a coordenação e a comunicação entre as diferentes disciplinas (Keys, Baldwin, & Austin, 2000).

As investigações publicadas anteriormente visavam principalmente acelerar o processo de construção e melhorar a produtividade global com a introdução de novas tecnologias e equipamentos, mantendo as técnicas comuns de gestão de projectos. A tónica foi colocada principalmente no compromisso tempo-custo-qualidade. No entanto, a LC, enquanto nova forma de gestão de projectos reforçada por capacidades poderosas através da aplicação do BIM, deverá proporcionar uma variedade de procedimentos e resultados que permitirão alcançar a eficiência dos recursos e edifícios mais sustentáveis.

A LC maximiza o valor e reduz o desperdício. Atinge estes objectivos através da utilização da gestão da cadeia de abastecimento (SCM), de técnicas Just-In-Time (JIT) e da partilha de informações com todas as partes interessadas e envolvidas no processo de produção. Conceito Lean desenvolvido por Taichii Ohno na década de 1950, baseado na produção enxuta. A filosofia lean inclui a minimização do desperdício sob todas as formas e a melhoria contínua dos processos e sistemas.

Ballard e Howell (2003) planearam o LPS como um dos métodos de aplicação das técnicas lean à construção. Este método permite o controlo das unidades produtivas e do fluxo de trabalho e permite respostas rápidas para corrigir os desvios em relação aos resultados esperados através da análise das causas. O controlo é definido como "fazer com que os eventos se conformem com o plano", por oposição à tradição da construção de monitorizar o progresso em relação ao calendário e às projecções orçamentais. O LPS centra-se na redução da hesitação do fluxo de trabalho. Foi criado para ajudar o planeador do projeto a diminuir as dúvidas inerentes ao processo de preparação. O LPS utiliza um processo sistemático para produzir planos de trabalho fiáveis destinados a proteger os procedimentos de trabalho a jusante da indecisão a montante, através do planeamento e da correspondência entre a carga de trabalho e os recursos disponíveis. "A pessoa responsável pela criação do último nível de planos na hierarquia de planeamento" Kartam et al. (1995a & 1995b).

Os processos de Arquitetura, Engenharia e Construção (AEC) são essencialmente mutáveis e indeterminados. O LPS tem sido eficazmente executado em esquemas de fabrico para aumentar a fiabilidade do planeamento, do processo de fabrico e melhorar o fluxo de trabalho nos processos de projeto e construção (Ballard & Howell, 2004). O LPS sugere um procedimento metódico para o planeamento da construção, pressupondo que as administrações complicadas tenham compreendido uma "filosofia lean".

1.2 Declaração do problema

Uma importante iniciativa de melhoria, com impactos práticos diretos, foi a adoção do LC. Desde o início dos anos 90, o LC evoluiu como uma nova forma de gerir a construção de forma mais eficiente e eficaz. Na prática, foram adoptadas diversas técnicas Lean, com o objetivo de melhorar a gestão de projectos através da eliminação de desperdícios, da melhoria da eficiência e fiabilidade do planeamento, da melhoria da produtividade e da maximização do valor.

A técnica de construção enxuta mais conhecida é o LPS, que se tem revelado uma ferramenta muito útil para a gestão do processo de construção e a monitorização contínua da eficiência do planeamento. A LPS tem sido testada no terreno e aperfeiçoada ao longo da última década, com muitos benefícios relatados em diversos ambientes em todo o mundo. Atualmente, no Iraque, o aumento do crescimento económico, bem como a urbanização nos países em desenvolvimento, conduziram a actividades de construção extensivas que geram grandes quantidades de resíduos. O desperdício de materiais em projectos de construção resultou em enormes contratempos financeiros para os construtores e empreiteiros. Para além disso, pode também causar efeitos significativos na estética, na saúde e no ambiente em geral. Estes resíduos têm de ser geridos e os seus impactos têm de ser verificados para abrir caminho à sua gestão adequada. No entanto, em muitas cidades do Iraque, a gestão dos resíduos de materiais continua a ser um problema.

1.3 Âmbito e objectivos do estudo

O principal objetivo deste estudo é investigar as causas dos resíduos na indústria da construção, a que nível o LC e o LPS foram implementados e os efeitos da implementação do LC utilizando o LPS no Norte do Iraque. A investigação inclui um extenso estudo da literatura, entrevistas com engenheiros civis, gestores de projectos, empreiteiros e um estudo de caso, a análise desta informação para desenvolver conclusões, e a sua extensão para apresentar as questões-chave que poderiam ser orientadas para a implementação do LC utilizando o LPS. O estudo contribuirá assim para melhorar a prática de gestão e pode ajudar a estabelecer uma base para o desenvolvimento de mais investigação na área do LC. Os resultados da investigação podem informar os profissionais sobre a oportunidade de implementar alternativas 4

O estudo também contribuirá para a prática, oferecendo recomendações práticas que podem ajudar a alcançar todo o potencial do Lean e do LPS no Norte do Iraque. Para além dos benefícios diretos para a prática de gestão, o estudo também contribuirá para a prática, oferecendo recomendações práticas que podem ajudar a alcançar todo o potencial do Lean e do LPS no Norte do Iraque.

As questões levantadas nesta investigação são as seguintes:

1. Quais são as causas dos resíduos no sector da construção na Irlanda do Norte?

2. A que nível é que o LC e o LPS foram implementados na Irlanda?

3. Quais serão os efeitos da aplicação da LC na Irlanda?

1.4 Metodologia

Este estudo foi realizado em cinco grandes etapas.

1. **Pesquisa bibliográfica;** estudo intensivo dos trabalhos anteriores na área da LC que ajudaram o investigador a desenvolver a estratégia de implementação.

2.   **Conceção da investigação;** esta fase concentra-se no desenvolvimento do quadro inicial para a implementação do LPS na indústria da construção.

3.   **Recolha de dados;** métodos de recolha de dados, incluindo entrevistas, questionários, estudo de casos e análise documental.

4.   **Análise e avaliação de dados;** uma análise simplesmente significativa dos dados medidos e a avaliação da implementação do LPS executaram os objectivos desta tese.

5.   **Relatório final**; uma visão geral dos resultados da investigação foi registada e documentada nesta tese.

1.5 Consequências esperadas

Esperam-se os seguintes resultados neste estudo:

1.   As vantagens do LPS serão apresentadas através da melhoria do desempenho do processo de planeamento do projeto em todas as fases.

2.   As indústrias relacionadas receberão os estudos que demonstram possíveis obstáculos e questões associadas à implementação do LPS num projeto de construção.

3.   Serão formuladas recomendações e sugeridas ideias para ultrapassar essas possíveis dificuldades, tendo em vista uma aplicação mais eficaz da LPS.

1.6 Estrutura da tese

O primeiro capítulo apresenta a introdução, o enunciado do problema, a metodologia e os resultados prováveis desta investigação. O capítulo dois apresenta uma revisão da literatura sobre as LPS e as ferramentas para a execução das LPS. O capítulo três ilustra as estratégias de implementação da LPS em pormenor, passo a passo, e a forma de recolher dados do sector da construção e do estudo de caso. O capítulo quatro apresenta os resultados e as consequências da investigação e da aplicação desta ferramenta no estudo de caso. O capítulo cinco apresenta as conclusões e oferece recomendações para estudos futuros. As referências e os anexos são fornecidos no final desta investigação.

Capítulo 2

A REVISÃO DA LITERATURA

2.1 Introdução

Este capítulo examinará a implementação do LC utilizando o LPS em diferentes reinos do mundo com base em pesquisas anteriores e na literatura existente. Em primeiro lugar, serão explicados os princípios-chave da construção optimizada. Em segundo lugar, será discutida a filosofia lean do planeamento de projectos. Em seguida, o capítulo ilustra os pontos de vista de alguns académicos sobre o LPS. Por último, são apresentados os elementos essenciais do LPS.

2.2 História da LC

2.2.1 História da Produção Lean

De acordo com Womack, Jones e Roos (1990), o termo "Lean Production" foi introduzido pela primeira vez por John Krafcik, do MIT International Motor Vehicle Program, como uma nova metodologia de produção em que os recursos de febre, a mão de obra, o espaço de fabrico, as horas de engenharia, as ferramentas e os armazéns de inventário são utilizados em comparação com a produção em massa. Seguindo a gestão da produção baseada em fluxos de Henry Ford, que abrange as vantagens da produção em massa e da produção artesanal, os engenheiros japoneses da Toyota, Ohna e Shingo, desenvolveram o Sistema de Produção da Toyota (TPS). Os principais objectivos do TPS eram a satisfação do cliente, o desperdício zero, a minimização do inventário e a perfeição do produto.

O pensamento Lean centra-se no valor do produto mais do que no processo de administração (Howell, 1999). O pensamento Lean considera todo o projeto como uma grande operação, ao contrário das actuais metodologias de gestão de projectos que consideram os projectos como uma combinação de actividades.

O modelo de produção Lean centra-se no valor final produzido para o cliente, uma vez que o custo total e a duração de todo o projeto são mais significativos do que o custo ou a duração de qualquer atividade individual. Normalmente, a organização é feita através de um cronograma central, enquanto o fluxo de trabalho é conseguido através da associação de pessoas que estão atentas e financiam os objectivos do projeto (Howell, 1999). O valor, o material e o programa de informação e materiais para a realização são os objectivos-chave da teoria da produção Lean.

Num sistema de produção, os resíduos podem ser definidos de acordo com os critérios de desempenho. Se os requisitos específicos do cliente não forem cumpridos, considera-se que se trata de um desperdício. O desperdício pode ser diminuído através da redução das diferenças entre a situação atual e a perfeição (Howell, 1999).

2.2.2 Lean Construction (LC)

O termo "Lean Construction" foi concebido por Glen Ballard e Gregory Howell nos anos 90, através da aplicação dos critérios de conceção do sistema de produção de Ohno como norma de precisão. Ao contrário da indústria, onde as partes não semelhantes se completam para obter a invenção final, a conceção e a construção de um único projeto numa situação altamente inexacta, sob a compressão do tempo e do calendário, é totalmente diferente. A transformação do Sistema de Produção Enxuta (SPE) de conceitos em prática foi iniciada por muitos investigadores (Womack & Jones, 1996).

O LC é um sistema de entrega de projectos baseado na perceção da gestão da produção que garante a fiabilidade e a rapidez da entrega de valor. De um modo geral, o trabalho sobre a construção enxuta é dirigido através de dois conceitos fundamentais: os métodos de controlo da produção Transformation-Flow-Value de Koskela e Last Planner de Ballard e Howell.

De acordo com Koskela (2000), o LC baseia-se em duas teorias de produção: fluxo e valor. Em primeiro lugar, o conceito de fluxo dá ênfase à redução do desperdício. Em segundo lugar, o conceito de geração de valor tem em consideração o valor entregue ao cliente. As práticas e métodos de LC baseados nestes dois conceitos são significativamente diferentes dos bascados no conceito tradicional de transformação da produção, que considera a produção como a transformação de entradas em saídas (Koskela L., 2000).

2.2.3 Sistema Lean de Entrega de Projectos (LPDS)

O Sistema de Entrega de Projectos Lean (LPDS) é uma metodologia de gestão da construção inspirada no Sistema de Produção Toyota (TPS), centrada na produção de valor sem gerar desperdício. O nível seguinte do LPDS é a colaboração entre o pessoal, fundando uma equipa em que os arquitectos, o construtor e todos os outros funcionários e trabalhadores críticos são tratados como um grupo igual para atingir os objectivos do cliente (Jr. e Michel, 2009).

A figura 2.1 apresenta o esquema LPDS como uma série de fases representadas por triângulos sobrepostos. A primeira fase é a "Definição do projeto", na qual são representados o objetivo do cliente, os conceitos de conceção e as restrições do cliente. Como estas caraterísticas podem afetar-se mutuamente, isto leva à necessidade de contacto e diálogo entre os acionistas, o que alarga a sua visão e compreensão. (Ballard & Howell, 2003; Ballard, 2008)

É fundamental que a equipa de entrega de projectos da LPDS forneça ao cliente várias ideias e o ajude a decidir o que pretende e, em seguida, a satisfazer as suas necessidades. Uma vez reconhecidos os objectivos e os constrangimentos dos clientes, será mais fácil introduzir formas alternativas de realizar o projeto necessário, para além dos métodos anteriormente considerados. Além disso, este processo também ajuda os clientes a compreenderem as penalizações das suas necessidades.

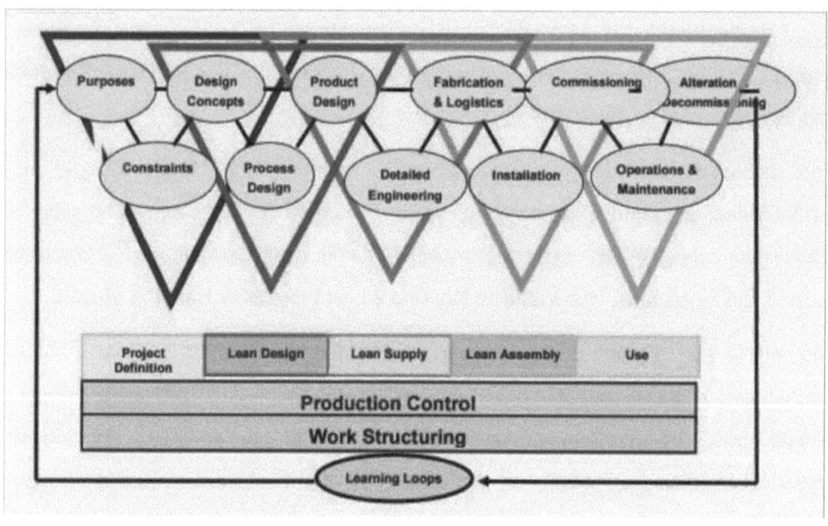

Figura 2.1: Sistema de Entrega de Projectos Lean

2.2.4 Princípios fundamentais do Lean

À luz do trabalho de Lauri Koskela, a seguinte lista de princípios é considerada importante para a produção Lean (Diekmann, Krewedl, Balonick, Stewart, & Won, 2004): **2.2.4.1 Satisfazer os requisitos do cliente**

A qualidade do produto exigida pelo cliente deve ser tida em consideração. O sucesso da produção depende da satisfação do cliente. Como abordagem prática, os requisitos do cliente devem ser determinados e analisados em cada fase da produção.

2.2.4.2 Reduzir as actividades que não acrescentam valor.

São geralmente conhecidos três factores fundamentais dos exercícios não incluídos:

1. Estrutura do quadro de produção, que preconiza que a regulação do fluxo físico pode ser restringida através da informação e do material.

2. Meios de controlo do quadro de produção.

3. Natureza do quadro de produção, por exemplo, desilusões de máquinas, acontecimentos fortuitos ou culpas ou desertos.

2.2.4.3 Reduzir o tempo de ciclo

A duração do processo é o tempo total necessário para concluir um empreendimento.

Pode ser organizado como:

1. Duração do processo = Tempo de processamento + tempo de controlo + tempo de espera + tempo de deslocação Os exercícios que se seguem foram distinguidos para reduzir a duração do processo:

2. Remoção de trabalho em avanço (WIP).

3. Reduzir o tamanho do grupo.

4. Alterar o esquema do empreendimento para diminuir o espaço de deslocação.

5. Tornar o movimento dos materiais suave e sincronizado.

6. Diminuir a possibilidade de mudança.

7. Separar a principal ordem de valor acrescentado das actividades de apoio.

8. Montagem das actividades para fluir em ordem paralela em vez de ordem consecutiva para poupar tempo e orçamento.

2.2.4.4 Reduzir a variabilidade

Acredita-se que a variabilidade aumenta o tempo de ciclo; a variabilidade dos suplementos do período de atividade inclui exercícios. Aqui estão algumas metodologias recomendadas para diminuir a variabilidade:

1. Regulação da atividade, que pode ser realizada através da execução de métodos normalizados.

2.   Técnicas de selagem de erros.

2.2.4.5 Aumentar a flexibilidade

É crucial expandir a capacidade da linha de criação para atender à procura e às alterações do sector empresarial. Stalk (1990), prescreve os exercícios de acompanhamento para construir a adaptabilidade do rendimento:

1.   Reduzir ao mínimo a dimensão da parcela, na medida do possível, para coordenar os interesses.

2.   Reduzir os inconvenientes de funcionamento e de mudança de instalações.

3.   Modificar o mais tarde possível no avanço.

4.   Preparar a força de trabalho multi-dotada.

2.2.4.6 Aumentar a transparência

Para resolver os erros detectados de forma rápida e fácil, é fundamental que toda a operação do fluxo seja observável e clara para todos os intervenientes no projeto.

2.2.4.7 Manter a melhoria contínua

As técnicas de gestão da operação e do projeto devem ser constantemente melhoradas. Estas são algumas abordagens que são consideradas críticas para a melhoria contínua:

1.   Avaliação e controlo da progressão.

2.   Alargar o âmbito do objetivo a fim de resolver os problemas e solucioná-los.

3.   Dar a todos os funcionários o dever de desenvolvimento; o desenvolvimento fixo deve ser essencial e satisfeito a partir de cada separação dentro da associação.

4.   Aplicar métodos normalizados como planos de boas práticas, a fim de desafiar a melhoria contínua com melhores técnicas.

5.   Ligando a melhoria ao controlo, a melhoria deve eliminar pela raiz as actuais restrições e problemas de controlo, em vez de reduzir a sua influência.

2.2.4.8 Desembaraço por Redução do Número de Etapas, Partes e Conexões

Dificuldade causa desperdício e gastos adicionais. O processo deve ser reestruturado através da fusão de actividades, utilizando ferramentas e materiais padronizados, para além de reduzir a quantidade de informação de controlo necessária.

Os seguintes métodos são considerados abordagens práticas para simplificações:

1. Limitação dos fluxos através da combinação de actividades.

2. Alterar a conceção para reduzir as peças do produto.

3. Sistematização de ferramentas, material e outras peças.

4. Ligações espirituosas.

5. Minimizar o que é necessário.

2.2.4.9 Interruptor de fixação no procedimento global

Para um controlo máximo dos movimentos, a atenção deve centrar-se em todo o processo e o fluxo de secções deve ser evitado, uma vez que conduz a uma sub-otimização.

2.2.4.10 Ajustar a melhoria do fluxo com a melhoria da conversão

1. A fim de criar um equilíbrio com o processo de melhoria do fluxo.

2. E as melhorias de conversão devem ser analisadas individualmente. No entanto, elas estão inter-relacionadas.

2.2.4.11 Avaliação comparativa

O benchmarking apoia a melhoria do processo através de uma reconfiguração fundamental.

2.2.4.12 Ferramentas e métodos de construção enxuta

As ferramentas e os métodos aplicados para realizar a Lean Construction foram estudados por Salem et al. (2006) e Minkarah (2006), como se mostra na Tabela 2.1.

Quadro 2.1: Resumo das ferramentas e técnicas da Lean Construction

Scope	Technique	Requirements	Criteria/change	
Flow variability	Last planner	Reverse phase	Pull approach	
				↑
		Scheduling	Quality	↑
		Six-week look-	Knowledge	↑
		ahead		
		Weekly work plan	Communication	↑
		Reasons for	Relation with other	↑
		variance	tools	
		PPC Charts		↑
Process variability	Fail safe for	Check for quality	Actions on the job	↑
	quality		site	
		Check for safety	Team effort	↑
			Knowledge	↑
			Communication	↑
			Relation with other	↑
			tools	↑

Transparency	Five S's	Sort	Action on the job site	↑
		Straighten	Team effort	↑
		Standardize	Knowledge	↑
		Shine	Communication	↑
		Sustain	Relation with other	↑
			tools	
	Increased	Commitment charts	Visualization	↑
	visualization	Safety signs	Team effort	
		Mobile signs	Knowledge	↑
		Project milestones	Communication	↑
		PPC charts	Relation with other	↑
			tools	
	Huddle meetings	All foreman	Time spent	
Continuous				
improvement		meeting		
		Start of the day	Review work to be	↓
		meeting	done	
			Issues covered	↑

2.2.5 Diferenças entre o Lean e a gestão tradicional da construção

A filosofia LC é consideravelmente distinta das práticas tradicionais de PM que se baseiam no PM Body of Knowledge (PMBOK) fundado pelo Project Management Institute (PMI), de acordo com (Forbes & Ahmed, 2011) estas diferenças podem ser recapituladas da seguinte forma

1.	Utilizando arranjos e controladores de transientes melhorados.

2.	LC não é capaz de substituir os aparelhos habituais de caraterização de calendários, por exemplo, o Critical Path Method (CPM). O LC funciona dentro da administração habitual e melhora o transporte de curto prazo.

3.	LC considera que a eficácia do planeamento deve ser limitada devido às acções não planeadas que por vezes ocorrem. A implementação de métodos organizados, que adoptam técnicas de programação, centrando os planos a curto prazo, por exemplo, o LP é considerado mais eficaz.

4.   A preocupação do LC é o valor, enquanto a filosofia da PM tradicional é concentrar-se no calendário e no controlo dos custos.

5.   O conhecimento e a flexibilidade permitem que o LC contrate com a indecisão e as actividades acidentais, especialmente em esquemas compostos, enquanto o CPM é uma estimativa de conclusão e é menos real na gestão dos detalhes da forma como o trabalho deve ser feito.

6.   Em geral, o PMBOK funciona bem com projectos bastante simples e previsíveis; por outro lado, o LC é considerado mais eficaz.

2.2.6 Utilização das ideias Lean na indústria transformadora

Numa tentativa de ultrapassar o problema da acumulação de WIP, os conceitos lean podem ser executados através da visualização do processo no local. Isto pode ser feito através da utilização de um software gerador de quadros de estado, desenhando pequenos ícones que indicam o estado do trabalho, bem como as tarefas futuras. O quadro de estado ajuda o supervisor do trabalho a atribuir a equipa de forma eficaz de acordo com a natureza do trabalho, qual a tarefa que tem de ser feita em primeiro lugar e qual a que tem de estar pronta.

Além disso, o quadro de estado é benéfico para a monitorização do progresso e para tornar os dados e a informação do projeto claros e disponíveis em todas as fases de gestão. Consequentemente, as ferramentas de visualização assistida por computador melhoram o fluxo de trabalho, revelando o montante do progresso e os obstáculos do processo Sacks, Treckmann, & Rozenfeld, (2009).

2.2.6.1 Melhorar o fluxo de trabalho na construção

A influência do fluxo de trabalho, enquanto princípio lean, no fluxo de trabalho da mão de obra tem sido objeto de vários estudos. Em 2003, num estudo que envolveu a construção de 3 pontes em 137 dias de trabalho, o método da capacidade flexível foi escolhido como possível conclusão de que um fluxo de trabalho incompetente resulta numa gestão ineficaz do fluxo (Thomas e et al, 2003).

Randolph et.al (2002) utilizaram dados de 14 projectos de estruturas de betão para realizar um estudo destinado a explorar a questão da variabilidade da construção e a sua influência no desempenho do projeto; concluíram que a diminuição da variabilidade da produtividade do trabalho está mais relacionada com um melhor desempenho do que a diminuição da variabilidade.

2.2.6.2 Engenharia de cofragem

Estas melhorias devem-se ao facto de o LC diminuir os desperdícios causados por andar e procurar a montagem e maquinação de moldes.

2.2.3.3 Projectos de construção

Os efeitos posteriores da atualização das estratégias de CA num empreendimento de construção de 80 unidades de alojamento na Nigéria demonstraram que as melhorias na gestão do tempo conduziram à poupança do plano de despesas, uma vez que o empreendimento foi concluído em 62 dias em vez de 90 dias (Adamu e Hamid, 2012).

2.2.3.4 Fabrico de betão pré-fabricado

A execução de ideias inclinadas no desenvolvimento de cimento pré-fabricado diminui a duração do processo e aumenta a eficiência (Ballard, Harper e Zabelle, 2003).

2.2.3.5 Projectos de infra-estruturas

As técnicas Lean foram implementadas num estudo sobre um projeto de construção de túneis. Os resultados da investigação foram o aumento da produtividade em 43%, o projeto foi concluído a tempo e os lucros duplicaram (Wodalski, e et al, 2011).

2.3 Resíduos na construção

2.3.1 O que são resíduos?

O desperdício é a utilização desnecessária de tempo, materiais e energia. Koskela (1992) define desperdício como a utilização de mais do que a quantidade necessária de ferramentas, materiais e capacidades na produção de um edifício.

Tommelein (2015:) apoia a afirmação de Koskela e afirma que:

Em suma, o desperdício é tudo aquilo que o cliente não tem o prazer de pagar"

No entanto, os resíduos na construção contêm muitas coisas, mas a maioria dos estudos centrou-se apenas no desperdício de materiais. Este é considerado como uma das razões que afecta o processo de construção e resulta no desperdício de muitas outras coisas. Uma das investigações sobre a medição do desperdício de materiais é o estudo realizado por Agopyan et.al. Formoso et al. (1999) resumiram os principais pontos como;

1. Algumas empresas ignoram o desperdício de materiais, uma vez que não aplicam procedimentos claros de gestão de materiais para evitar o desperdício nas instalações e controlar a utilização de materiais.

2. A maior parte das empresas de construção não está consciente da quantidade de resíduos e da forma de os evitar.

3. A principal razão para o desperdício na construção de edifícios está relacionada com um planeamento deficiente desde o início, como, por exemplo, uma conceção insuficiente e deficiências.

2.3.2 Classificações de resíduos

A dimensão dos resíduos inevitáveis é variável, dependendo da localização do projeto, da organização e da tecnologia implementada.

Os resíduos podem igualmente ser considerados por locais de nascimento, ou seja, a fase do sistema associada ao principal fator de produção de resíduos. Normalmente, os resíduos são distinguidos na fase de produção; no entanto, existe a possibilidade de haver resíduos em fases anteriores, por exemplo, organização, planeamento, fornecimento e preparação do trabalho.

Por (1989), propõe que os resíduos podem ser ordenados em sete tipos, conforme indicado pelo seu temperamento, o oitavo tipo de resíduos é, - dons de trabalhadores subutilizados - foi apresentado por Bodek (2007).

2.3.3 Pessoas subutilizadas

É essencial empregar pessoas qualificadas, mas, como afirmam Garret e Lee (2010), a utilização ineficaz das capacidades mentais e físicas dessas pessoas resulta em desperdício.

2.4 Filosofia Lean de Planeamento de Projectos

Ballard (1994) afirma que um planeamento mais eficiente é uma das formas eficazes de aumentar a produtividade, através da redução de atrasos, da conclusão do trabalho na melhor ordem de construção, da ligação dos trabalhadores ao trabalho disponível e da organização de múltiplas actividades dependentes, etc.. O planeamento e o controlo são considerados processos inter-relacionados e complementares no LC mantidos durante o projeto.

O planeamento constrói as estratégias necessárias para atingir os objectivos do projeto.

Simultaneamente, o controlo procura que cada evento ocorra de acordo com a sequência planeada, a fim de voltar a planear quando as disposições previamente estabelecidas já não são adequadas ou convenientes. Quando os eventos vão numa direção errada, o feedback será útil para obter experiência e fazer melhores planos no futuro (Ballard 2000; Howell 1999). Howell (1999) afirma que o controlo foi redefinido de "monitorizar resultados" para "fazer as coisas acontecerem". O desempenho de um sistema de planeamento é desenvolvido para prometer um fluxo de trabalho fiável e resultados de projeto expectáveis. Na Lean Construction, o planeamento e o controlo são as duas faces de uma moeda que gira durante um projeto:

• Planeamento: refere-se a normas para a realização e elaboração de planos para atingir os objectivos.

• Controlo: Faz com que as acções estejam de acordo com a estratégia e endossa a experiência e o replaneamento.

Ballard (1994) acredita que uma melhor preparação é o resultado da superação de obstáculos comuns no fabrico da construção, incluindo:

1. A organização centra-se no controlo, o que evita desvios negativos, e negligencia a inovação, que provoca desvios positivos.

2. O planeamento é considerado como a ajuda e as aptidões das pessoas responsáveis pelo planeamento e não como um sistema.

3. O planeamento consiste, em primeiro lugar, na programação, enquanto o planeamento a nível da tripulação é uma preocupação secundária.

4. A apresentação do esquema de planeamento é insignificante.

5. A análise das falhas de arranjo e a resolução dos problemas pela raiz são negligenciadas.

O LPS, que é conhecido como uma das melhores técnicas, tem sido confirmado como uma ferramenta benéfica para a gestão do processo de construção e para a observação contínua da eficácia do planeamento.

O PL inclui: plano diretor, planeamento por níveis, planeamento antecipado, planeamento semanal do trabalho (WWP), Percentagem Planeada Completa (PPC) e razões por detrás do inacabamento. A implementação sistemática dos últimos planos traz várias vantagens e acrescenta benefícios à gestão global da construção e à prática do planeamento em particular.

2.5 Princípios-chave da LC

De acordo com Womack e Jones (1996), os seguintes cinco princípios-chave são vitais para qualquer sistema de LC.

1. Valor: Os requisitos do cliente devem ser clarificados de modo a indicar actividades ou produtos que melhorem o valor.

2. Fluxo de valor: O processo de construção pode ser desenvolvido através do planeamento de todo o fluxo de valor, formando uma colaboração entre os participantes, reconhecendo e reduzindo o desperdício.

3. Fluxo: O fluxo comercial contém os dados do projeto (especificações, acordos, estratégias, etc.). O fluxo do local de trabalho inclui as actividades e a forma como estas actividades devem ser geridas.

4. Fluxo de abastecimento: refere-se a todos os componentes utilizados num projeto.

5. Puxar: Os esforços dos participantes estabilizam os puxões ao longo do processo de construção.

6. Perfeição: Inclui orientações de trabalho, procedimentos e controlos de qualidade.

2.6 Sistema Last Planner (LPS)

Ballard (2000) e Howell (1999) desenvolveram o LPS como um sistema de planeamento e controlo da construção, a fim de reduzir as variações no fluxo de trabalho da construção, melhorando o planeamento futuro e eliminando a incerteza das operações de construção.

No início, o sistema sofreu variações no fluxo de trabalho na fase WWP, tendo depois sido prolongado para abrigar todo o processo de planeamento e de melhoria do calendário, desde o planeamento principal até ao planeamento por fases, passando pelo planeamento antecipado (LAP) e pelo WWP.

Como ferramenta lean, o LPS sugere:

1. Planeamento mais pormenorizado quando chegar a altura de executar o trabalho,

2. Melhorar o plano de trabalho através da consulta da equipa de execução do projeto.

3. Trabalho em equipa, para eliminar os constrangimentos do trabalho, concluir o trabalho e aumentar a fiabilidade dos planos de trabalho.

4.   Fazer promessas fiáveis de conclusão do trabalho com base na colaboração e negociação com os colaboradores do projeto.

5.   Recolher a experiência dos fracassos de planeamento, resolver as causas profundas dos problemas e evitar a sua repetição (Ballard, 2000; Ballard et al., 2007).

A Figura 2.2 mostra os processos de planeamento LPS com diferentes intervalos sequenciais: programação principal, programação de fases, planeamento antecipado e planeamento do trabalho semanal.

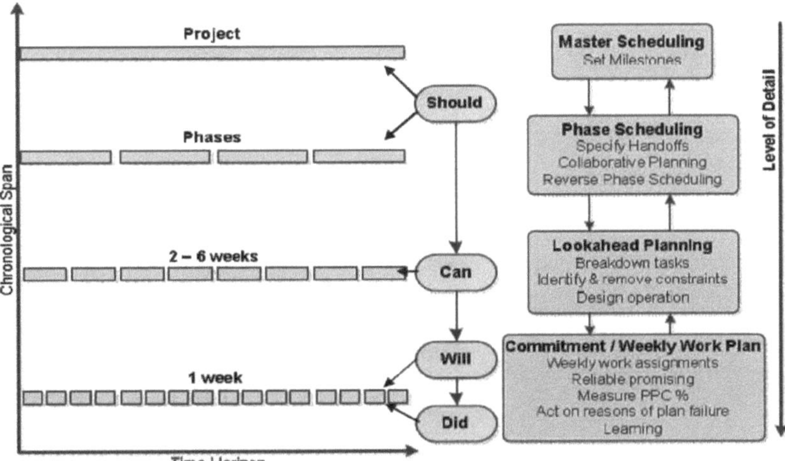

Figura 2.2: Fases / Níveis de Planeamento na LPS

O plano geral é o produto do planeamento inicial que descreve os trabalhos que devem ser realizados ao longo da duração de um projeto O planeamento do compromisso refere-se ao plano mais completo do sistema que representa a interdependência entre as várias organizações especializadas no trabalho. Rege diretamente a produção. Quando cada período do plano termina, o trabalho é revisto para medir a fiabilidade do planeamento e do sistema de construção. A análise das razões das falhas do plano e a resolução dos problemas são importantes para a melhoria contínua Ballard, (2000).

2.7 Análise do "deve-pode-querer-fazer

As decisões relativas à ordem de trabalho de acordo com o tempo e os recursos e métodos utilizados são tomadas em todas as fases do processo e ocorrem ao longo de todo o projeto, o que acaba por levar os projectistas a produzir atribuições que dirigem a produção física. O "último planeador" é o último no processo porque a produção do processo de planeamento não é dirigida para um procedimento de planeamento de nível inferior, e os resultados da produção são apresentados na Figura 2.3 (Ballard e Howell, 1998).

No entanto, a estabilização do ambiente de trabalho imita a aprendizagem de assumir e manter compromissos. É previsível que os últimos planeadores se comprometam a fazer o que (DEVERIA) ser feito, mas apenas até ao ponto em que (PODE) ser feito. A demonstração disto como uma regra pode ser: Selecionar tarefas a partir da acumulação viável, ou seja, a partir de actividades que podem ser realizadas.

A LP fornece ao terreno apenas trabalhos exequíveis, a prática tradicional (Figura 2.4) empurra as tarefas para a equipa de construção e para a entidade projetista, a fim de concluir o trabalho nas datas previstas. Para além de olhar para o futuro e indicar as tarefas futuras para as restrições, as tarefas também são antecipadas para encontrar os requisitos exactos de definição, ordem e tamanho das caraterísticas. Além disso, os erros continuam a ocorrer, pelo que o sistema de controlo é concebido de forma a promover a aprendizagem com as falhas do plano e a evitar a repetição dos mesmos erros.

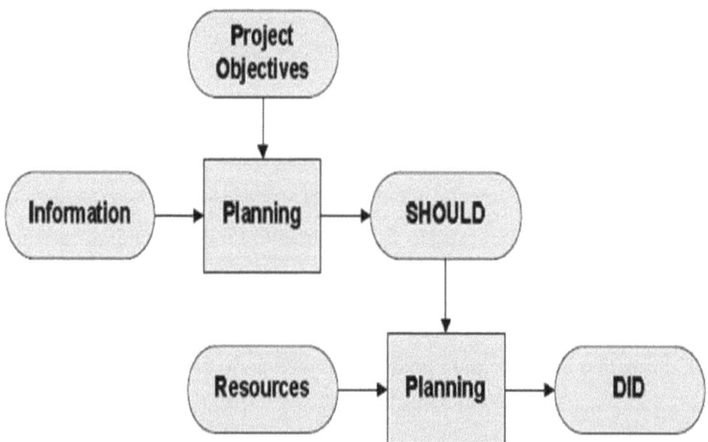

Figura 2.3: Processo de planeamento tradicional (Adaptado de Ballad e Howell 1998)

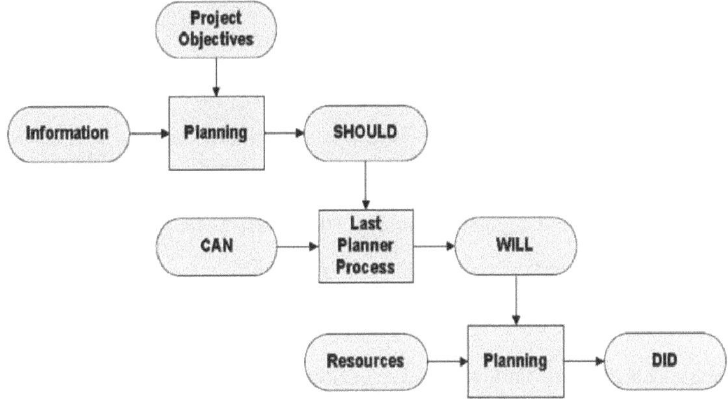

Figura 2.4: Processo de planeamento do último planeador (Adaptado de Ballad e Howell 1998)

A atribuição de tarefas de qualidade evita a incerteza do fluxo de trabalho das unidades de produção, permitindo-lhes aumentar a sua própria produtividade e a produtividade das unidades de produção a jusante que se baseiam no seu trabalho e dependem de requisitos de trabalho fiáveis ou de recursos partilhados para organizar a sua tese (Ballard e Howell 1998).

2.8 Fundamentos da LPS

Os elementos essenciais da LPS podem ser categorizados em:

2.8.1 Calendário das etapas

O calendário das etapas deve dividir o projeto em fases lógicas. A duração deve ser apropriada para os responsáveis pelo projeto, de modo a completar o trabalho planeado com confiança. O estabelecimento de uma duração conveniente requer possivelmente a melhoria de um CPM mais completo e a negociação e investigação com os produtores, designers e construtores do projeto.

2.8.2 Calendário de extração (calendário de base)

1.   É da responsabilidade de todos os membros da equipa concluir o trabalho, que é o marco para melhorar o Cronograma Puxado por Fases (PPS).

2.   A discussão presencial desenvolve o PPS, que estabelece o contexto, delineia a entrega da etapa, melhora uma estratégia implementada, classifica as tarefas e organiza-as num plano

de trabalho a partir do final da fase.

3.	Todas as tarefas da PPS devem produzir um resultado definido que seja adequado e aceite pelo cliente.

4.	A PPS é concluída quando os membros da equipa aprovam os critérios de transferência entre actividades, a ordem e o calendário do trabalho. Os membros da equipa sentem-se confiantes porque têm acesso a recursos e tempo suficientes para realizar a atividade e também porque identificaram os fornecimentos de longa duração.

2.8.3 Plano de antecipação (LAP)

1.	As actividades no PPS são tarefas bem conhecidas do plano de 6 semanas (6WLAP) todas as semanas.

2.	Manter o registo da articulação entre as tarefas das actividades do PAL e do PPS.

3.	As subtarefas podem ser formadas e ligadas a tarefas no LAP. A transferência de trabalho entre as profissões é normalmente estabelecida nas tarefas de nível PPS. As subtarefas são normalmente realizadas dentro de cada tarefa.

4.	As tarefas e subtarefas são produtos finais.

2.8.4 Identificação de restrições

1.	As restrições são as diretivas, os recursos e o trabalho necessário para iniciar e concluir as tarefas, mas que não constam da PPS.

2.	A ligação entre os constrangimentos e as tarefas será mantida.

3.	As tarefas (e subtarefas) em LAP são examinadas para construção pelas pessoas responsáveis e, pelo menos, quando atribuídas a LP.

4.	Quem está encarregado das tarefas elimina os constrangimentos dentro da sua autoridade ou pede ajuda a quem está para além da sua autoridade.

5.	O registo de restrições apresenta a condição da tarefa no ciclo de trabalho em termos de - recusada, aprovada, em negociação, garantida, em curso ou concluída.

6.	A LAP (e eventualmente o PPS) é diversa na resposta a condicionalismos irremovíveis pelo tempo necessário.

2.8.5 Preparação do plano de trabalho semanal (WWP)

1. As tarefas no WWP devem estar no 6WLAP e ligadas ao PPS.

2. O WWP deve incluir apenas as tarefas que estão prontas para serem executadas, o que significa que todas as suas restrições foram eliminadas. A pessoa colectiva tem a garantia de que as tarefas restantes, o local e o pessoal estarão disponíveis sempre que necessário.

3. Ocasionalmente, as tarefas que não estão prontas podem ser incluídas no programa WWP, apesar de o gestor de projeto não estar confiante de que podem ser concluídas. Neste caso, é necessário notificar a LP seguinte de que a missão poderá não ser entregue.

4. As tarefas no WWP são dimensionadas para serem realizadas diariamente. Poderiam ser efectuadas tarefas maiores, mas isso é impraticável, porque o trabalho se estende por vários dias e é difícil de estabelecer.

5. As tarefas devem ser inspeccionadas no WWP antes de a equipa iniciar o seu trabalho.

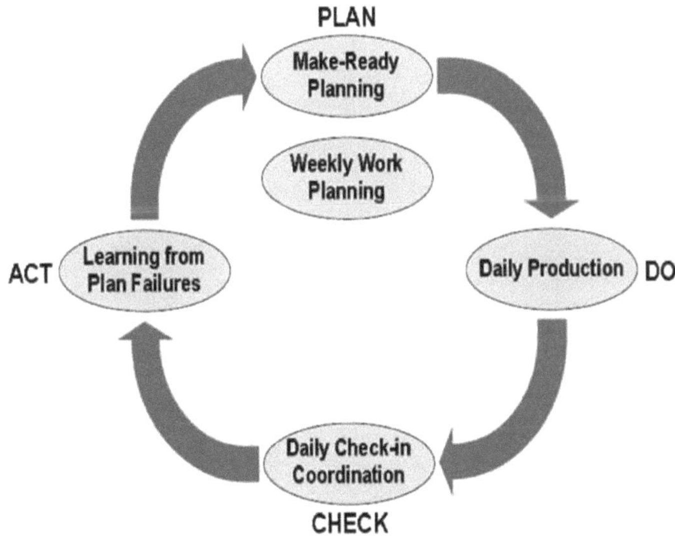

Figura 2.5: Ciclo semanal de planeamento e execução

2.9 Resumo do capítulo

Neste capítulo, com base na literatura abrangente e na visão dos académicos, foi apresentado o sentido geral do conceito de LC e os seus princípios fundamentais, a filosofia lean do planeamento de projectos, o LPS e os seus elementos essenciais, para além da análise do "deve-pode-querer-fazer".

Além disso, os níveis de LPS foram brevemente discutidos e, adicionalmente, foi estabelecida uma comparação clara entre o processo de planeamento tradicional e o processo de LP.

Capítulo 3

METODOLOGIA DE INVESTIGAÇÃO

3.1 Introdução

Este capítulo ilustra a investigação empírica e explica as práticas utilizadas neste estudo, tais como o questionário, as entrevistas e o estudo de caso, as vantagens e os pormenores que indicam estes métodos. Além disso, demonstra as questões de investigação e os seus pressupostos, os candidatos ao estudo, as estatísticas e o método de recolha e análise de dados.

3.2 Questões de investigação

Através de um inquérito realizado a engenheiros, empreiteiros e subempreiteiros curdos, na sequência de um estudo de caso conduzido pelo investigador, esta investigação pretendeu descobrir quais são os seus pontos de vista sobre o LC utilizando o LPS na indústria da construção do Norte do Iraque (NI). Com base na revisão da literatura apresentada em capítulos anteriores e em investigações, foram delineadas algumas questões para compreender as opiniões dos participantes. Estas respostas serão avaliadas e analisadas sob a orientação de estudos teóricos no Capítulo dois.

Nesta secção, as exigências são categorizadas em três grupos diferentes:

3.2.1 Quais são as causas dos resíduos na indústria da construção?

Esta pergunta refere-se a factores relacionados com os resíduos.

- Que factores afectam os resíduos?

- O que deve ser feito para reduzir os resíduos?

Prevê-se que o desfasamento entre duas actividades, a deslocação desnecessária de materiais e trabalhadores, a falta ou ineficácia do equipamento, os trabalhadores não qualificados, a má gestão e a falta de comunicação entre o pessoal e outras pessoas ligadas ao projeto são alguns dos factores fundamentais que podem causar desperdícios.

Além disso, prevê-se que o Governo, a nova gestão de projectos, ferramentas como o LPS, o aumento da sensibilização e a discussão de ideias com os empregados podem apoiar acções e contribuir para a redução dos resíduos.

3.2.2 A que nível é que o LC e o LPS foram implementados na Irlanda?

Esta pergunta diz respeito à existência de CL no sector da construção na Irlanda:

•	Existem muitos factores que causam desperdício na construção e é necessário tomar medidas para melhorar a indústria da construção nos NI através da utilização de métodos actualizados?

•	Quais são as vantagens do WWP e do PPC no sector da construção?

Dependendo do ponto de vista de que a Irlanda do Norte é um dos países do terceiro mundo, pode haver muito pouca informação sobre a LC. É de esperar que o LC não tenha sido implementado na Irlanda do Norte e, por isso, há muitos factores que contribuem para aumentar os resíduos. Também é de esperar que os empreiteiros, engenheiros e subempreiteiros impliquem diferentes formas de reduzir os resíduos em vez de implicar o LC utilizando o LPS.

3.2.3 Será adequado implementar a LC na Irlanda no futuro?

Relativamente a este pedido, os participantes são convidados a responder mais precisamente às seguintes questões:

•	Qual é o QCA para a implementação da LC na Irlanda?

•	Quais são as principais dificuldades enfrentadas pelas empresas durante a implementação? E quais são os factores que promovem a implementação do LPS.

Dependendo da experiência dos participantes, esta questão pretendia descobrir até que ponto eles desejam que este método seja implementado no sector da construção na Irlanda no futuro. No entanto, espera-se que os participantes possam ter informações muito limitadas sobre o LC e o LPS, mas podem gostar da ideia e das abordagens a serem executadas no futuro.

Além disso, uma vez que a NI está a tentar desenvolver-se, a execução de novos métodos é um dos passos indispensáveis a dar. Por esta razão, a avaliação do envolvimento de pessoas experientes, a avaliação dos problemas enfrentados pelas empresas e a tomada em consideração das opiniões dos participantes sobre os factores críticos de sucesso são igualmente cruciais.

3.3 Participantes

Os participantes neste inquérito, tal como Sekaran os apresenta como "população", são empreiteiros e engenheiros curdos que trabalham atualmente em projectos de construção, tanto no sector público como no privado.

A principal razão para escolher estas pessoas é o facto de terem conhecimentos sobre o sector da construção e poderem ter informações suficientes que enriquecem o estudo.

3.4 Tamanho da amostra

A indicação de uma dimensão adequada para a amostra a investigar é uma das partes mais difíceis dos estudos, uma vez que exige uma análise cuidadosa. A dimensão da amostra deve ser escolhida de forma sensata, uma vez que um modelo pequeno não pode representar dados fiáveis, ao mesmo tempo que uma amostra grande consome tempo e recursos do investigador e dos participantes. Os académicos afirmam que a determinação do tamanho da amostra pode ser influenciada por:

- O grau de vontade dos participantes em participar na investigação.

- A extensão do risco dos dados devido a alguns factores, como a confiança.

- Os recursos disponíveis para o investigador, por exemplo, a tecnologia essencial, o tempo e a dimensão dos participantes.

Além disso, Dornyei (2002) afirma que os dados e resultados corretos são o resultado de uma amostra de dimensão adequada, embora muitas vezes isso possa exigir mais tempo e esforço.

60 participantes masculinos e femininos receberam o questionário. Alguns dos participantes receberam os questionários diretamente, ao passo que os outros, devido à distância, receberam-nos por correio eletrónico. 52 deles preencheram o questionário e devolveram-no dentro do prazo. Em seguida, quatro delas participaram nas entrevistas e a quinta foi uma entrevista de grupo. Além disso, foi incluído um estudo de caso. A razão para a escolha deste tamanho de amostra foi o facto de este número ser fácil de gerir, de a maioria das pessoas estar ocupada e poder não estar disponível ou não cooperar e de não existirem dados disponíveis sobre o número de empresas de construção ou de engenheiros em NI. Além disso, devido à natureza do conteúdo e do tópico de investigação, foi utilizado o formulário Google e foram escolhidas algumas pessoas para participar em vez de utilizar novas tecnologias como o 'Survey monkey' para garantir que apenas as pessoas ligadas ao sector da construção preenchem o questionário.

3.5 Ferramenta de investigação

Foram utilizados métodos qualitativos e quantitativos. Com base nas investigações de McDonough e McDonough (1997), o questionário, as entrevistas e o estudo de caso foram os principais instrumentos utilizados nesta investigação. Todos os dados foram recolhidos a partir dos conhecimentos dos candidatos durante o trabalho em estaleiros de construção na Irlanda do Norte.

Optou-se por um "método misto", como lhe chama Lund (2012), porque nenhum deles é superior ao outro e ambos oferecem benefícios diferentes, como sublinhado por Burns (1999).

Como Marshal e Rossman (1999) afirmam, o estudo qualitativo oferece mais informações, as razões para escolher respostas específicas, bem como a opinião dos inquiridos sobre determinada experiência. Enquanto o método quantitativo, que se refere ao questionário nesta investigação, ajuda o investigador a recolher mais dados sobre várias questões num período de tempo mais curto (Cohen et al., 2000). Por outras palavras, embora o questionário inclua muitas perguntas sobre diferentes questões, os inquiridos podem não se sentir à vontade para responder. Além disso, é possível investigar e envolver pessoas de diversas áreas geográficas e é fácil analisar os dados através da utilização de tecnologia e de pacotes de software informático, por exemplo, Microsoft Office e Excel.

Eventualmente, para evitar enviesamentos, foram utilizadas perguntas de escala de Likert ou de escolha múltipla, uma vez que o investigador não tem qualquer influência na opinião dos participantes e todos os nomeados respondem às mesmas perguntas nas mesmas condições (Seliger e Shohamy, 1989). Além disso, na primeira secção, algumas perguntas tinham a opção "outros" para que os participantes escrevessem as suas respostas se fossem diferentes das opções.

Um outro ponto é que os questionários têm algumas desvantagens, bem como vantagens, como sugerem Dornyei (2003) e Bell (2002), que é dever dos investigadores conceber o questionário e examinar cuidadosamente os dados. Por exemplo, os inquiridos podem escolher uma resposta ou concordar com uma afirmação para satisfazer o investigador. Outro inconveniente é a baixa taxa de retorno. Os inquiridos podem esquecer-se dos procedimentos e não os guardarem.

3.6 Objetivo e conteúdo do estudo

Quase todas as perguntas reflectem o conteúdo do estudo e foram selecionadas com base nos conhecimentos básicos dos participantes. Com base em alguns estudos e investigações anteriores em diferentes reinos do mundo, para além da experiência do investigador como engenheiro na NI, foram concebidas algumas perguntas novas para serem adequadas ao conteúdo e ao novo contexto do estudo.

O objetivo deste estudo é responder às questões de investigação e explorar a experiência do método LC utilizando a implementação do LPS na NI e a sua taxa de sucesso no futuro.

3.6.1 Pilotagem do estudo

A pilotagem é uma das etapas importantes de qualquer estudo, porque ajuda o investigador a obter mais informações dos participantes para conceber perguntas mais pertinentes e opções adequadas para melhorar o questionário antes de o publicar. Da mesma forma, ajuda a tornar o questionário adequado ao tempo dedicado, ao ambiente e, por vezes, à situação política e económica do país em que o investigador realiza o estudo. Hedrick et al. (1993) afirma que a pilotagem facilita o teste de todo o procedimento, como, por exemplo, a indicação do tempo que se pretende para completar o inquérito e a conceção de perguntas claras e compreensíveis para os candidatos.

Além disso, Oppenheim (1992: 47) afirma que, em cada estudo, os aspectos devem ser examinados previamente para se ter a certeza de que correspondem aos do investigador. Brown e Rodgers (2002) apoiam Oppenheim e afirmam que "o ensino experimental é uma componente vital de um ensino fiável". Além disso, Dornyei (2002) chama a atenção para a importância do ensino experimental e afirma que a eliminação desta fase de qualquer estudo pode afetar a validade dos resultados.

Com base nos pontos de vista expressos anteriormente por diferentes académicos, o investigador testou a educação com algumas pessoas. Estas deram um feedback útil para recuperar o inquérito. Por exemplo, um participante recomendou que se acrescentasse "tem experiência com o LPS". Tendo em conta os seus comentários, o investigador também editou algumas das opções. Além disso, após consulta do supervisor da investigação, foi acrescentada a pergunta número oito, que trata dos factores que estimulam a implementação dos últimos factores de planeamento, para além de um estudo de caso. O tempo necessário para preencher o inquérito foi de 12-18 minutos, ao passo que para as entrevistas o período variou entre 17-32.

3.6.2 Entrevistas

Verificou-se que o entrevistado estava a tentar fazer um discurso académico em vez de responder especificamente às perguntas. O entrevistado estava a tentar modificar as respostas, enquanto o conteúdo era negligenciado. Assim, o investigador alterou a estratégia: em vez de entrevistar em inglês, as entrevistas foram conduzidas em "curdo" para evitar embaraçar aqueles que não sabem inglês e fazer com que os entrevistados se sentissem mais confiantes e percebessem que o conteúdo das suas respostas é importante e não as palavras académicas que utilizam.

As entrevistas tiveram uma duração aproximada de 25 minutos. As conversas foram organizadas em vários locais: a casa dos participantes e os seus locais de trabalho. Além disso, a primeira pergunta a todos os entrevistados foi "Importa-se que as suas respostas sejam utilizadas para fins de investigação de forma anónima?" e todos os entrevistados deram a sua aprovação.

Além disso, vale a pena mencionar que, apesar de se ter utilizado o mesmo questionário, as conversas foram semi-estruturadas porque, por vezes, tanto o investigador como o avaliador entraram em mais pormenores. Como afirma Berg (1989), quando os entrevistados têm escolha para responder, dão respostas mais exactas. Todas as conversas foram pormenorizadas e depois analisadas pelo investigador.

3.6.3 Estudo de caso

O estudo de caso é uma ferramenta útil para estudar um tópico em maior pormenor. Como sugere Zainal (2007:5), "os estudos de caso são úteis para o estudo, uma vez que permitem aos investigadores inspecionar os dados ao nível micro". O estudo de caso nesta investigação será apresentado de acordo com a sugestão do orientador da investigação, a fim de enriquecer a investigação e estudar o tema em mais pormenor e num contexto específico. Este estudo de caso é a experiência pessoal do investigador em LC utilizando o LPS num projeto de construção na Irlanda do Norte durante a realização de uma investigação como requisito final do estudo de pós-graduação. O investigador executou o seu conhecimento sobre LC usando LPS nesse projeto devido à sua admiração por este sistema e por estar ciente das suas vantagens. Os resultados desta experiência serão analisados no capítulo 4 e o cronograma será apresentado em apêndice.

3.6.4 Conteúdo do questionário

O questionário foi concebido utilizando o Google forms. Além disso, a maioria das perguntas fechadas foi concebida com escalas de classificação de quatro pontos. Acreditava-se que um inquérito de boa aparência poderia encorajar os participantes a responder a todas as perguntas com sorte. Com base nesta ideia e nos inquéritos de investigação, foram reunidos os itens do questionário:

• As informações gerais dos participantes constituíam a primeira secção do questionário. Por exemplo, o género, a idade, o cargo que ocupam, a organização para a qual trabalham e a duração da sua experiência no sector da construção. Embora a Irlanda seja um país em desenvolvimento e existam poucas empresas de construção a operar no sector, os participantes preenchiam as condições exigidas para o inquérito.

• A segunda secção era sobre o LC e o LPS para descobrir se os participantes tinham informações sobre a implementação deste método, uma vez que se trata de um método novo, especialmente na NI. Nesta secção, foi pedido aos participantes que deixassem de preencher o questionário se não estivessem familiarizados com este método.

• A terceira parte foi estruturada para investigar as causas dos resíduos e as formas de os reduzir, para além da implementação do LC e do LPS.

Todos os itens foram agrupados como mencionado anteriormente e cada grupo foi seguido por algumas perguntas subdivididas. A maior parte das perguntas tinha quatro respostas possíveis, que vão desde Sem efeito, Efeito baixo, Efeito médio (efeito médio) e Grande efeito; discordo totalmente, discordo, concordo e concordo totalmente. Além disso, algumas perguntas são de escolha múltipla com diferentes opções.

Por último, o questionário foi estruturado de modo a abranger apenas as questões relevantes para o conteúdo do estudo.

3.7 Recolha de dados e limitações

Este processo de investigação foi um desafio devido aos vários locais onde os participantes vivem ou trabalham, e muitos deles estavam entusiasmados com o seu trabalho. 23 deles preencheram a cópia impressa do inquérito e foi-lhes dada a oportunidade de pedir esclarecimentos sobre qualquer confusão, enquanto 37 nomeados o receberam por correio eletrónico. A secção de síntese incluía o e-mail e o número de telefone do académico, para que os inquiridos pudessem comunicar se tivessem alguma dificuldade em compreender o conteúdo das perguntas. Destes 37 inquéritos e após uma semana, apenas 29 formulários preenchidos foram devolvidos. Dois deles foram retirados porque um dos inquiridos deixou dois dos inquéritos sem resposta e o outro deixou a informação em branco.

3.8 Análise de dados

Após a recolha de todos os inquéritos realizados, os resultados foram calculados e analisados através da utilização do software Excel. Para além da análise dos questionários, as entrevistas foram analisadas e explicadas pelos investigadores no capítulo da análise de dados, respetivamente.

3.9 Resumo do capítulo

Nesta parte, foram apresentadas as questões de exploração e as especulações, os candidatos e a dimensão da amostra, bem como o sistema utilizado neste estudo de inquérito, por exemplo, inquérito, investigação contextual e reunião. Além disso, a direção do estudo foi outro tema introduzido. Além disso, esta secção assegurou a metodologia de recolha de informações e o exame. A parte seguinte apresentará a utilização deste procedimento num estudo de observação na NI e as suas descobertas, não obstante a sua ligação com o segmento hipotético da exploração.

Capítulo 4

SECÇÃO 1: CONCLUSÕES E DEBATES DO ESTUDO PRÁTICO

Com base no estudo de caso, nos questionários e nas entrevistas, este capítulo apresenta os resultados do estudo. Na sequência de um estudo de caso para implementar o LPS pelo investigador, 50 candidatos preencheram o questionário e cinco desses participantes participaram nas entrevistas, uma das quais foi a entrevista de grupo. De acordo com o formato do questionário, os resultados estão divididos em três categorias. Decidiu-se analisar cada pergunta separadamente porque se percebeu que isso poderia contribuir para uma melhor compreensão do ponto de vista e do conhecimento dos participantes sobre o LC utilizando o LPS.

1.   A primeira classificação consiste em informações gerais sobre os participantes.

2.   O segundo tipo trata dos resultados do conhecimento dos participantes sobre a LC utilizando o LPS.

3.   A terceira categoria aborda os resultados das causas dos resíduos, as formas de os reduzir e os efeitos da LPS na redução dos resíduos.

1.1.1 O estudo de caso

1.1.1.1 O projeto

O LPS foi implementado num projeto de construção governamental. O projeto é (Raniyah 132/33/11 KV Substation building) localizado na região do Curdistão do Iraque, com um valor de contrato projetado de 543.145,76 dólares americanos. A oportunidade do projeto é a construção complexa de 2 edifícios dc vários andares com 200 m² jardim e uma sala de boas-vindas.

A área do edifício é de 711,36 m2, pelo que o edifício está dividido em duas juntas na direção longitudinal. Todos os projectos tiveram um prazo de construção de 12 e 13 meses, respetivamente, com 20 meses de duração total do projeto.

Foi realizada uma reunião inicial com o grupo de risco em junho de 2015, e algumas outras reuniões subsequentes tiveram lugar ao longo dos três meses seguintes para criar e concordar com a abordagem de LP. Ficou claro que tanto o PM como o organizador tomaram actividades dinâmicas na utilização de LP como um dos vários instrumentos para transmitir um plano de desenvolvimento apertado.

As reuniões incluíram o PM, o organizador, os administradores, os especialistas em empreendimentos, os engenheiros de campo, o subempreiteiro e os encarregados de um empreiteiro geral (GC), de modo a que uma grande variedade de pessoal tivesse uma compreensão e entusiasmo pelo avanço e utilização da abordagem LP.

4.1.2 A implementação da estratégia LPS do projeto

O plano de investigação consistia em executar o processo de implementação em quatro fases, como indicado na Figura 4.1. Esta implementação adicional deve-se à convicção de que estabiliza gradualmente as caraterísticas da LPS, reduz a resistência à modificação e garante mais oportunidades para avaliar cada etapa e ganhar experiência para projectos futuros.

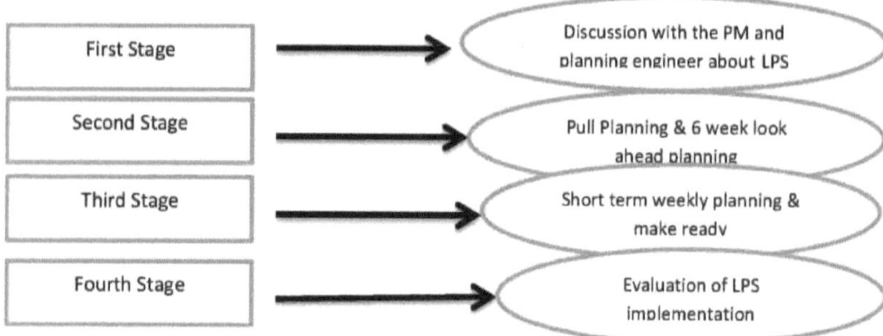

Figura 4.1: Definição das etapas

4.1.2.1 Primeira fase

A primeira fase consistiu em fornecer à equipa informações sobre a CA, utilizando o LPS e discutindo as vantagens previstas da CA e do LPS através de um workshop que também os treinou para implementar este sistema. Em seguida, os participantes foram observados durante duas semanas para monitorizar o presente ensaio de planeamento, através de entrevistas e da tomada de notas.

Além disso, a formação da equipa para aprender o método mais eficaz de apurar o PPC, detectando as razões de insucesso ao longo destas duas semanas, era outro objetivo desta fase; no entanto, este é excluído da informação porque o LPS não foi executado durante esse período. Para além do cálculo do PPC, nesta fase também foram delineadas e registadas as razões subjacentes às tarefas não concluídas.

1.1.1.2 Segunda fase

Nesta fase, foi implementado o Planeamento da Fase Puxada (PPP) como uma das componentes chave do LPS. Além disso, todas as partes do projeto, tais como empreiteiros, gestores, supervisores de campo, representantes do cliente, engenheiros consultores e subempreiteiros participaram em duas reuniões semanais.

Para além da implementação do WWP e do Make Ready, outra componente crucial do LPS, o LAP também foi aplicado. No projeto do estudo de caso, o planeamento do LAP era uma janela unificada de seis semanas. Foi retirado do Plano Diretor (PM) de um projeto e depois sincronizado no PL. Da mesma forma, para a fase, as sessões de planeamento foram realizadas a fim de entregar determinados objectivos e, posteriormente, trabalharam em sentido inverso a partir da data de realização do objetivo para realizar os sinais pretendidos. Respetivamente, as sessões foram dedicadas a certas categorias de actividades.

Com base nas durações previamente calculadas para cada item, o plano do projeto foi preparado utilizando o MS Project & primavera. E também os procedimentos das actividades foram baseados na nossa experiência de engenharia.

A LP preparou os principais marcos para as diversas actividades e, em seguida, os participantes trabalharam no sentido inverso para atingir a data de realização desses objectivos. O procedimento foi realizado através da afixação das actividades na parede, posteriormente alterada para um gráfico de Gantt detalhado pelo planeador da empresa, utilizando o MS Project e o primavera P6 para a construção do edifício do projeto, tal como ilustrado na Figura 4.2 e na Figura 4.3.

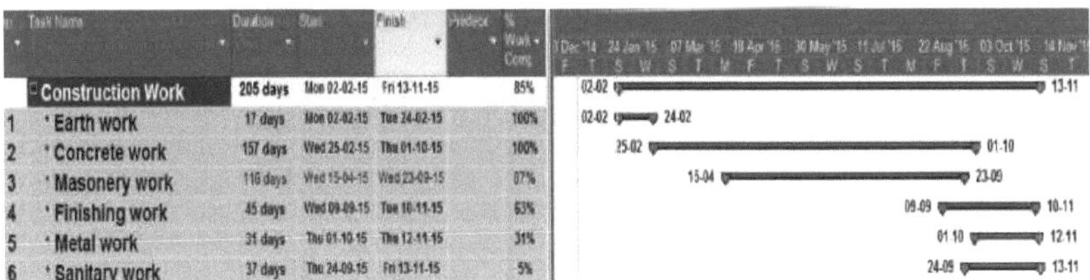

Figura 4.2: PPC por projeto de EM

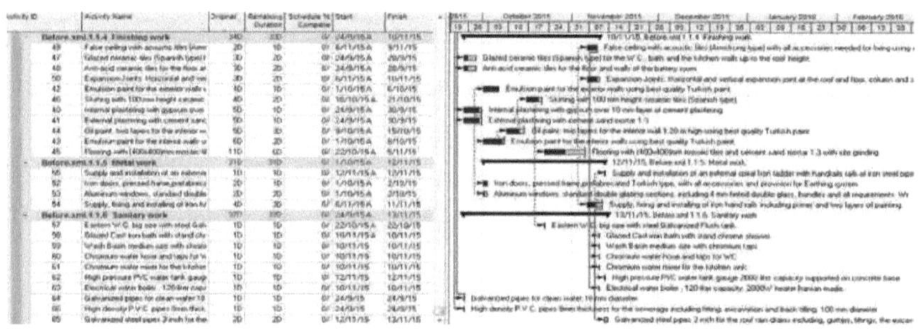

Figura 4.3: primavera e PPC

Todos os principais subcontratantes, ou seja, mecânicos, electricistas, canalizadores, arquitectos e bombeiros, participaram nestas sessões, que foram planeadas dois meses antes do início efetivo do projeto. Além disso, as principais forças de trabalho, como o proprietário, o projetista e o empreiteiro geral, também participaram nestas reuniões e foram informadas com uma revisão do procedimento. A responsabilidade dos subempreiteiros pelo período de arranque e pela sequência exacta das actividades de construção foi distinguida através de um sistema de código de cores. A Figura 4.4 e a Figura 4.5 são as fotografias tiradas durante as sessões de PPS realizadas no escritório dos empreiteiros.

Figura 4.4: Coordenação da sequência de construção do painel

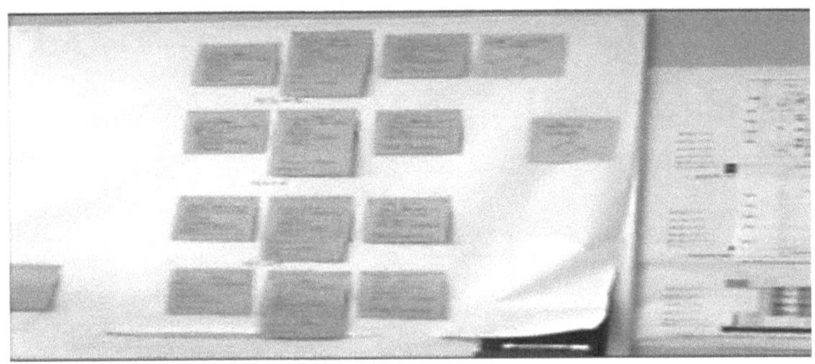

Figura 4.5: Resultado da reunião de PPP

1.1.1.3 Terceira fase

A terceira fase foi a mais longa. A aplicação da LPS no local foi auxiliada pelo investigador e foi provado que o PPC e as explicações por detrás de tarefas não concluídas podem ser fundadas e anotadas numa premissa semana após semana durante doze semanas. Foi um esforço para ajudar o grupo a ver como a LPS contribuiu para o desenvolvimento das práticas de planeamento. Nesta fase, a tónica foi colocada principalmente na organização fugaz e o Make Ready e o LAP tiveram pouca consideração.

As reuniões semanais desta fase tiveram a sua importância e a participação de todos os intervenientes no plano (subempreiteiros, lado dos construtores e legisladores dos clientes). Esta fase, PPC e detalhes por detrás das responsabilidades não concluídas foram compostos no final da época sazonal e início do período de outono na NI. Neste período do ano, a febre máxima é geralmente registada, e em 2015, durante o dia, atingiu 112 graus Fahrenheit.

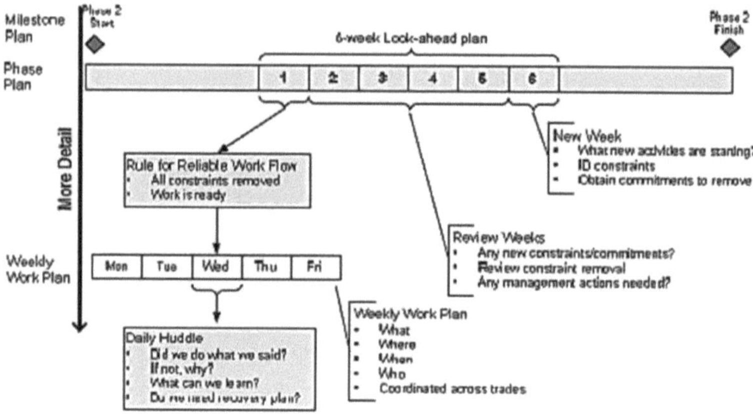

Figura 4.6: Preparação do WWP a partir de 6 WLAP

1.1.1.4 Quarta fase

Esta fase centrou-se principalmente num questionário concebido para avaliar o processo de implementação do LPS e permitir que os inquiridos expressassem os seus pontos de vista sobre as vantagens alcançadas, os factores críticos de sucesso (FCS) e os obstáculos à aplicação do LPS nos planos. Os participantes tiveram tempo suficiente para ler e analisar o questionário, as suas respostas e pedir esclarecimentos. Alguns deles participaram numa entrevista de grupo (com um contexto de discussão informal e amigável) com a presença do investigador. As perguntas foram explicadas e os participantes receberam os esclarecimentos necessários. Em seguida, os nomeados foram convidados a selecionar as respostas que consideravam estar de acordo com as suas opiniões.

O questionário continha uma secção relacionada com as vantagens alcançadas, os FCS e as dificuldades para a aplicação do LPS, tendo sido concebido utilizando uma escala de quatro pontos que pedia a opinião dos participantes sobre diferentes caraterísticas do LPS, reunidas a partir do resultado de estudos anteriores e da revisão da literatura sobre o LPS e a Lean Construction no capítulo dois, para além das notas tomadas durante o envolvimento do investigador na implementação do método. *Ver Apêndice - A* para o questionário do inquérito.

1.1.3 Percentagem semanal de plano concluído (PPC)

Na primeira semana, o PPC do projeto aumentou gradualmente de 60% para 88% na quarta semana e, após 12 semanas, atingiu 83%. O PPC médio do projeto foi de 73% em comparação com 62%.

Ballard (2000) define PPC como um grau de fiabilidade do fluxo de trabalho e é medido separando a quantidade de tarefas concluídas a curto prazo pelo número total de tarefas concebidas para o período do plano.

Os dados necessários para o controlo do PPC são "a soma das tarefas atribuídas e o número de tarefas concluídas". Estes dados podem ser obtidos junto dos chefes de projeto e dos engenheiros sem qualquer tempo, esforço ou monitorização adicional, como o consumo de recursos, que é necessário para esta medição.

O investigador desempenhou o papel de facilitador durante a implementação do LPS ao longo de treze semanas num projeto de construção, para além de recolher dados para a revisão por pares do rácio PPC. Os dados semanais recolhidos no terreno foram analisados e calculados em três rácios PPC diferentes. Cada um destes rácios mostra uma camada diferente de fiabilidade dos planos semanais do empreiteiro em comparação com o 6WLAP e o calendário padrão ou PPS.

Os passos seguintes são o processo detalhado utilizado para recolher e analisar os dados, que foram obtidos durante as sessões semanais com os subcontratantes:

1.	Estudar o modelo de calendário e selecionar as actividades que devem ser executadas durante as semanas seguintes. A lista SHOULD de atribuições de trabalho foi gerada nesta etapa.

2.	Estudar o calendário mensal e selecionar as actividades que devem ser realizadas durante as semanas seguintes, tendo em consideração a disponibilidade de recursos e de espaço. Este passo produziu a lista ADJUSTED SHOULD das tarefas.

3.	Este passo representa a lista de tarefas. Está previsto estudar a intenção do supervisor do projeto de melhorar as atribuições da lista de trabalho para as semanas seguintes, tendo em consideração outros factores, tais como a quantidade de recursos e a disponibilidade de espaço, para além do estado dos desenhos da loja.

4.	Acompanhar a execução definitiva dos pontos de trabalho abrangidos pela lista de prioridades.

5.	A discussão entre o superintendente do projeto e os engenheiros sobre o trabalho concluído durante a semana gerou a lista WILL para a semana seguinte (passo 3). Os itens abaixo foram analisados nas sessões semanais:

a)   Incluir a Percentagem de Conclusão (PCT) de cada atividade em que o empreiteiro trabalhou durante a semana que acabou de terminar das atribuições da WILL.

b)   As actividades com mais de 50% de PCT no cálculo do PPC recebem o valor 1, enquanto as actividades com menos de 50% recebem o valor 0. Esta avaliação aleatória representa um desvio importante em relação à definição da LPS (um valor de 1 para 100% de PCT e, caso contrário, 0),

c)   Avalie e planeie os rácios PPC para a semana terminada com base nas definições da Tabela 4.2.

d)   As actividades às quais foi atribuído um valor de 0, ou seja, as actividades WILL não concluídas, são estudadas e as razões para as incompletudes são registadas.

Quadro 4.2: Definições de percentagem de plano concluído (PPC)

Ratio	Definition (The $\cap$ symbol performs an intersection of two lists)	Meaning
PPC1	$$\frac{DID \cap WILL}{WILL}$$	How the as-built compares to the WWP
PPC2	$$\frac{ADJUSTED\ SHOULD \cap DID}{ADJUSTED\ SHOULD}$$	How the as-built compares to the 6WLAP & 3WLAP
PPC3	$$\frac{SHOULD \cap DID}{SHOULD}$$	How the as-built compares to the baseline schedule

4.1.4 Rácios PPC

O rácio PPC 1 apresentado na Figura 4.7, que é o resultado do número de actividades concluídas em comparação com as tarefas listadas no WWP, caracteriza a fiabilidade do planeamento desenvolvido. A média de 73% do rácio PPC1 para o projeto indica que cerca de três em cada quatro actividades semanais estimadas foram trabalhadas, ou seja, as tarefas na lista WILL atingiram um PCT superior a 50%. Este rácio de antecipação a curto prazo ilustra o desempenho do planeamento desenvolvido após a aplicação do LPS.

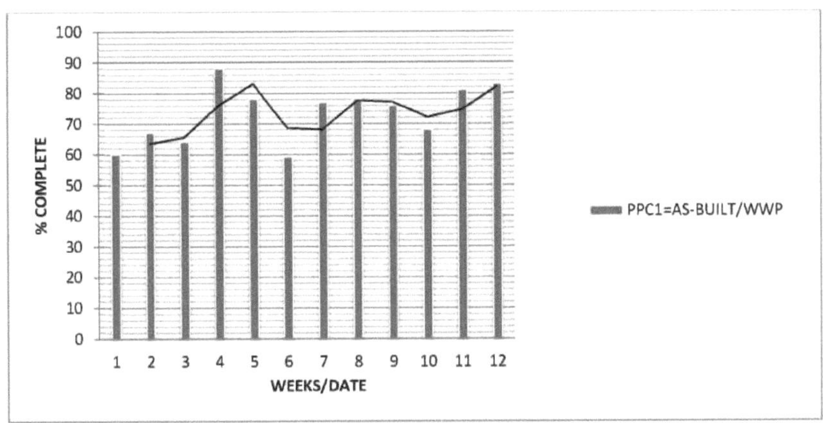

Figure 4.7:   Rácio PPC1 para As-built e WWP

O rácio PPC2, apresentado na Figura 4.8, é o resultado do número de actividades concluídas em comparação com as enumeradas no 3WLAP, descreve a aplicação do planeamento durante o período do projeto. O rácio PPC2 de 62%, em média, mostra que duas em cada três actividades semanais previstas foram efetivamente realizadas, ou seja, mais de 50% das actividades da lista WILL foram concretizadas. Este rácio de antecipação a curto prazo sugere que o planeamento atual, semana a semana, precisa de ser desenvolvido para evitar derrapagens.

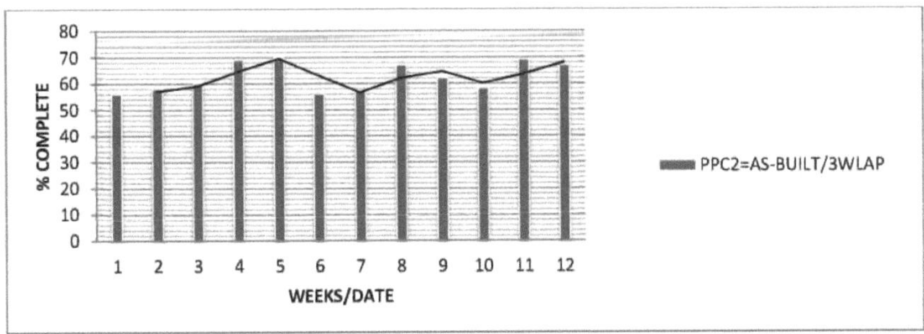

Figure 4.8:   Rácio PPC2 para As-built e 3WLAP

O rácio PPC 3 apresentado na Figura 4.9 é o resultado do número de actividades concluídas em comparação com a lista de actividades no Cronograma de Base (BS), demonstra o desempenho do planeamento do cronograma principal do projeto. O rácio PPC3 de 50% em média indica que uma em cada duas actividades semanais previstas na lista WILL foi trabalhada e atingiu um PCT. Este rácio de antecipação a curto prazo recomenda que o atual calendário principal necessita de muitos desenvolvimentos para atingir resultados satisfatórios.

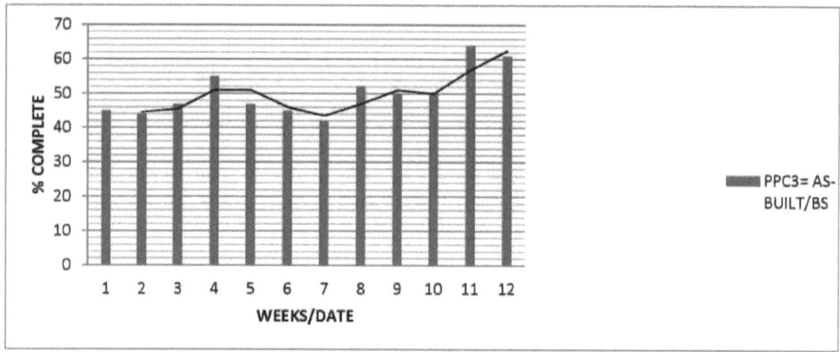

Figure 4.9:   Rácio PPC3 para As-built & BS

4.1.5 Razões para trabalhos incompletos

A figura 4.10 demonstra as numerosas actividades não concluídas expressas em benefício da empresa. O trabalho pré-requerido foi o fator chave para as tarefas deficientes na tarefa. Isto talvez se deva às componentes do nível que a empresa tinha atingido, uma vez que a maioria das tarefas, incluindo as actividades de construção, dependia completamente de tarefas auxiliares concluídas. Para efeitos de comparação, os motivos de incompletude foram combinados na mesma figura.

A oferta de mão de obra foi a primeira razão significativa para as tarefas incompletas do mesmo projeto. O projeto parecia ter dificuldade em manter o ritmo dos planos organizados, tais como os planos semanais e o LAP, devido à insuficiência de mão de obra disponível para satisfazer os requisitos do plano. Muitos dos subcontratantes parecem ter ultrapassado as suas capacidades de fornecimento de mão de obra, o que se deve à popularidade do mercado para mão de obra qualificada nos últimos tempos, uma vez que a nação está a passar por uma explosão de desenvolvimento extraordinária e têm continuado a existir empreendimentos de milhares de milhões de dólares e muitos mais estão em fase de arranjo, tanto pelo Estado como pelos segmentos privados.

Outra explicação principal para a incompletude do projeto foi a acessibilidade dos materiais, que surgiu devido a alguns elementos. Em primeiro lugar, o processo de aprovação, que era essencial para o cliente, era moroso e provocava adiamentos. Além disso, os fornecedores atrasavam-se na entrega dos materiais ou, por vezes, entregavam materiais errados. Neste caso, as entregas foram efectuadas mas com materiais errados, o que se deveu principalmente à confusão dos fornecedores devido à existência de muitos tipos de blocos, tais como: normal, de cimento ou ponza, e à utilização de muitos tamanhos de blocos. Noutros casos, precisamente durante a última fase, algumas das entregas de materiais mecânicos foram simplesmente atrasadas.

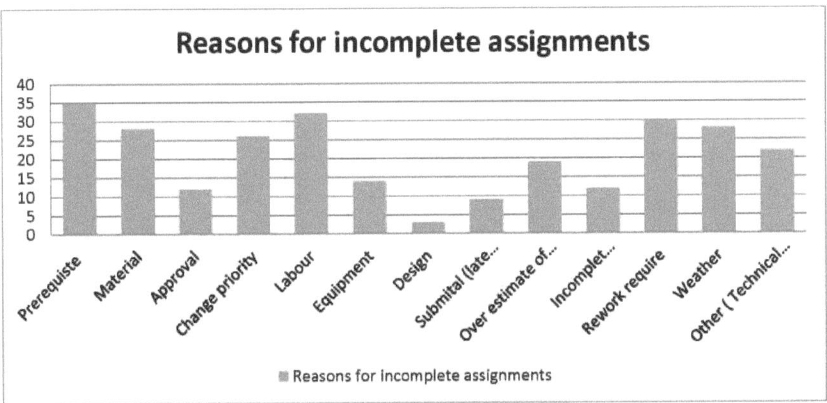

Figura 4.10: Razões para tarefas não concluídas durante todo o período do projeto

A terceira razão foi identificada com o endosso, uma vez que o quadro de endosso do próprio cliente provocou adiamentos por causa da organização e do uso do material de pesquisa como meio exclusivo de comunicação no contrato de compra de material. Adicionalmente, houve um problema de atraso no início das actividades devido à apresentação tardia de pedidos de decisão sobre as mesmas.

A quarta razão foi a mudança de necessidades, que geralmente aparecia nas tarefas de design que não eram realmente subordinadas à sucessão. No entanto, em algumas circunstâncias foi importante alterar as necessidades devido à apropriação dos trabalhos entre as zonas, à desordem no transporte de bens, à acessibilidade dos peritos, por exemplo, construtores e carpinteiros, além de outras razões. A quinta grande razão foi o atraso do equipamento e a apresentação tardia das necessidades, que se verificaram cinco vezes ao longo de todo o período de execução da LPS.

Os factores que afectam os resíduos e a implementação do LPS na NI podem estar relacionados com questões políticas e culturais. Da mesma forma, os resultados evidenciaram as vantagens do processo de planeamento. No final do estudo empírico, o investigador concluiu que o quadro seguinte é apresentado na Figura 4.11.

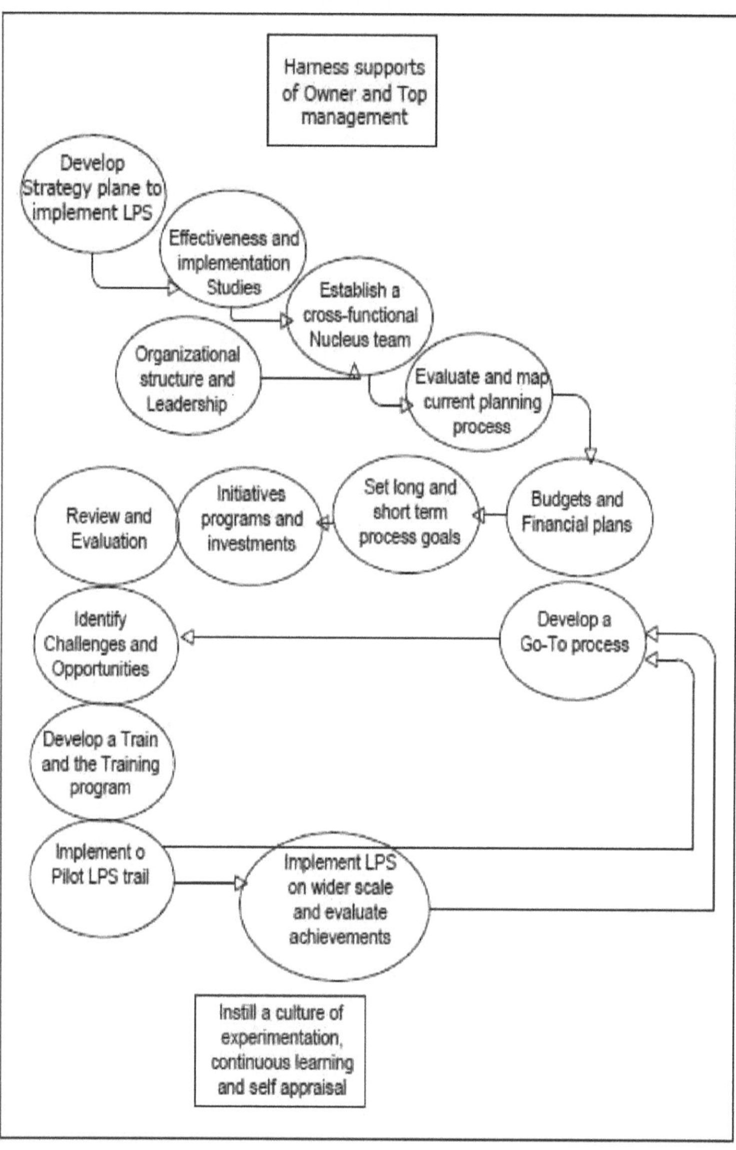

Figura 4.11: Quadro sugerido para a implementação do LPS na construção.

4.1.6 Resumo do estudo de caso

O LPS foi implementado num edifício em quatro fases (i) formação LPS, (ii) sessões PPS, (iii) desenvolvimento de 6 WLAP e WWP, (iv) cálculo PPC e (v) processo de avaliação da implementação do LPS apoiado por entrevistas e questionário.

SECÇÃO 2: O QUESTIONÁRIO E AS ENTREVISTAS

4.2.1 Informações gerais

Esta secção inclui algumas informações sobre os nomeados, de modo a tornar inquestionável que cumprem os requisitos do estudo.

4.2.1.1 Género

Este questionário foi aplicado tanto a homens como a mulheres, uma vez que o género não é do interesse deste estudo. Uma vez que as mulheres engenheiras são muito poucas na NI, 9 mulheres (18%) e 41 homens (82%) preencheram o questionário, como se pode ver na Figura 4.12.

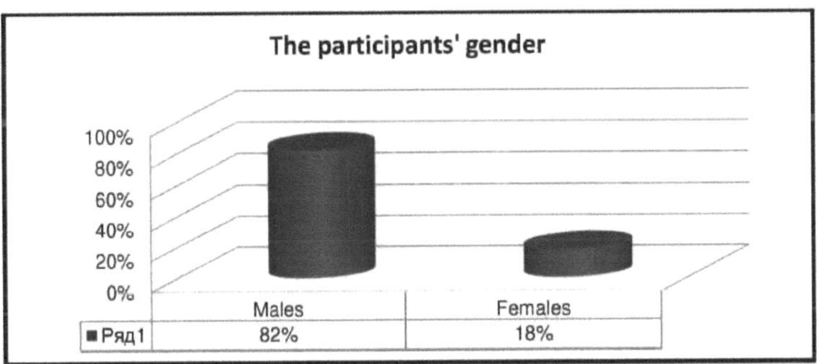

Figura 4.12: O género do participante

4.2.1.2 Idade

Esta não era a preocupação da investigação, mas este inquérito foi solicitado para ter a certeza de que todos os participantes têm a idade correta e cumprem os requisitos. 8% tinham entre 18 e 24 anos, 52% tinham entre 25 e 34 anos, 30% tinham entre 35 e 44 anos e 10% escolheram 45 anos ou mais, como mostra a Figura 4.13.

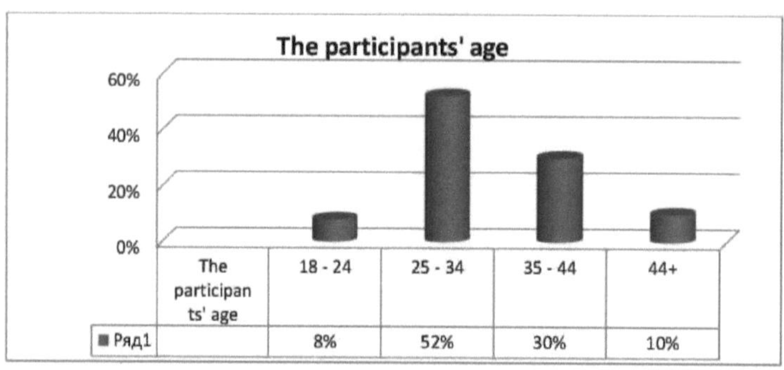

Figura 4.13: Idade dos participantes.

4.2.1.3 Locais de trabalho dos participantes?

Em relação à terceira pergunta, 56% dos participantes disseram que trabalham no sector privado, enquanto os outros 44% trabalham em organizações estatais, tais como institutos de ensino e ministérios estatais e respectivos departamentos de projectos, como mostra a Figura 4.14.

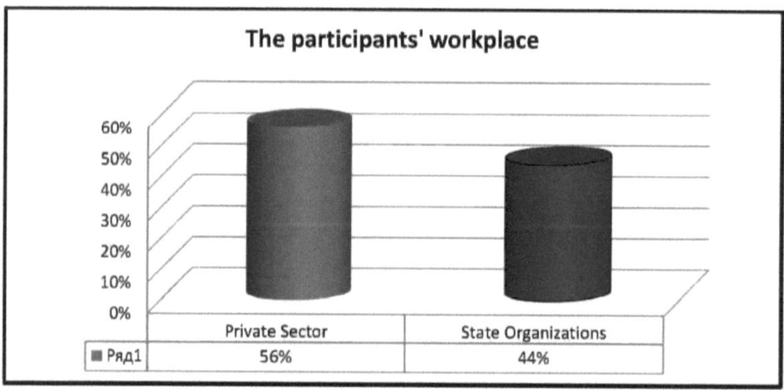

Figura 4.14: O local de trabalho dos participantes.

4.2.1.4 Nível de educação dos participantes?

12% dos participantes tinham doutoramento, 24% tinham mestrado, 40% tinham licenciatura e 24% escolheram outros porque alguns deles não tinham qualificações ou tinham qualificações diferentes, mas trabalham no sector da construção e ocupam diferentes cargos, como mostra a Figura 4.15.

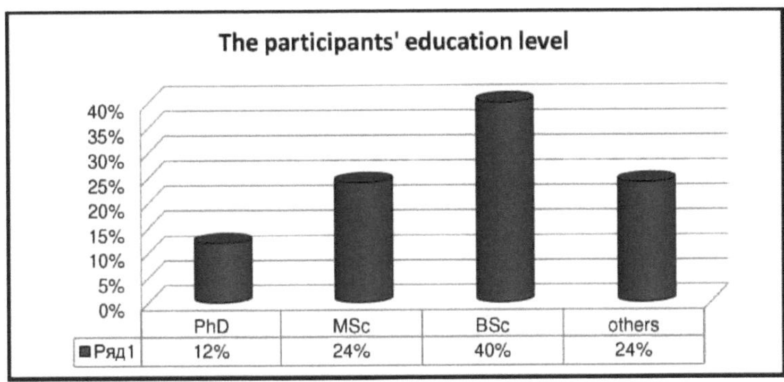

Figura 4.15: Nível de escolaridade dos participantes.

4.2.1.5 Posição dos Participantes no sector?

Além disso, no que diz respeito à posição dos participantes na indústria, 16% destes participantes eram empreiteiros e 8% eram subempreiteiros. Esta opção foi escrita porque na NI muitos empreiteiros revendem os contratos ou empregam outras pessoas para supervisionar o trabalho por eles, essas pessoas são chamadas subempreiteiros. Compram-no aos principais empreiteiros ou alugam-no porque não têm poder ou não são famosos por o obterem diretamente ou, por vezes, os empreiteiros não têm energia ou tempo suficiente para esse projeto. 32% eram engenheiros de obra, 12% eram gestores de projeto e 32% escolheram outros e escreveram que trabalham como professores em institutos de ensino, como mostra a Figura 4.16.

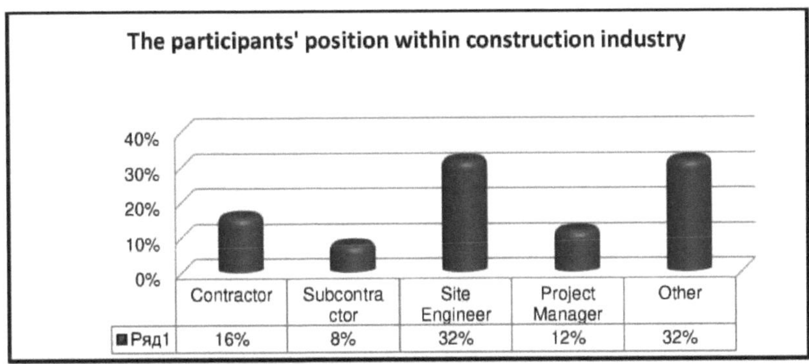

Figura 4.16: A posição dos participantes na indústria da construção

4.2.1.6 Tipo de organização?

Relativamente à sexta pergunta, os participantes foram questionados sobre a organização para a qual trabalham, 28% deles escolheram a contratação, 16% deles disseram que trabalham em institutos de ensino e os outros 56% afirmaram que trabalham como professores, engenheiros de obra, verificadores de desenhos e supervisores de projectos, como mostra a Figura 4.17.

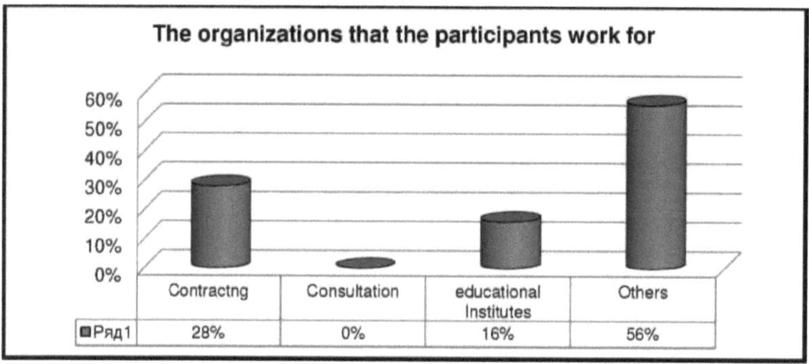

Figura 4.17: As organizações em que os participantes trabalham

4.2.1.7 Experiência no sector da construção?

A última pergunta desta secção era sobre a experiência dos participantes na indústria. 4% dos participantes tinham menos de um ano de experiência, 8% escolheram 1-5 anos de experiência, 66% tinham 5-10 anos de experiência e 6% tinham mais de 20 anos de experiência, como mostra a Figura 4.18.

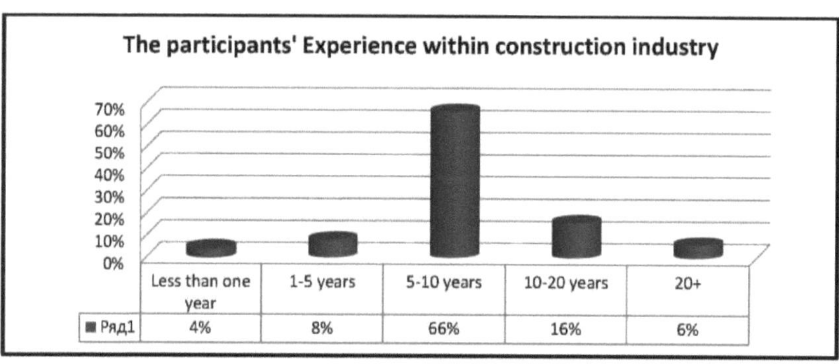

Figura 4.18: Experiência dos participantes no sector da construção.

4.2.1.8   Resumo das informações gerais dos participantes

Os resultados desta secção mostram que os participantes têm a idade certa e experiência suficiente para exprimir os seus pontos de vista e preencher o questionário com informações verdadeiras e fiáveis.

4.2.2 Experiência LC

A experiência com o LC foi a segunda parte do questionário deste estudo. Nesta secção, a experiência dos participantes com o LC será medida através de perguntas sobre os anos da sua experiência e a sua aprovação desta experiência. Além disso, foi pedido aos participantes que deixassem de preencher o questionário se não estivessem familiarizados com este novo sistema.

4.2.2.1   Experiência com o LC?

Esperava-se que os engenheiros curdos e todos aqueles que trabalham na indústria da construção não tivessem qualquer informação sobre o LC. 48% dos participantes escolheram "não" por não terem experiência com o LC, uma vez que um dos entrevistados perguntou "O que é o LC?", enquanto surpreendentemente outro afirmou que "Eu sei o que é o LC, mas nunca tive oportunidade de o implementar devido à falta de apoio e materiais necessários". Isto significa que alguns dos participantes têm informação mas não têm experiência. Por outro lado, 52% dos participantes disseram que a sua experiência é inferior a um ano, como mostra a Figura 4.19. Uma vez que nenhum dos participantes escolheu 1-3 anos ou mais de 3 anos, isto significa que este sistema é recente na NI e esta pode ser a principal razão para a falta de informação ou experiência dos participantes com este sistema.

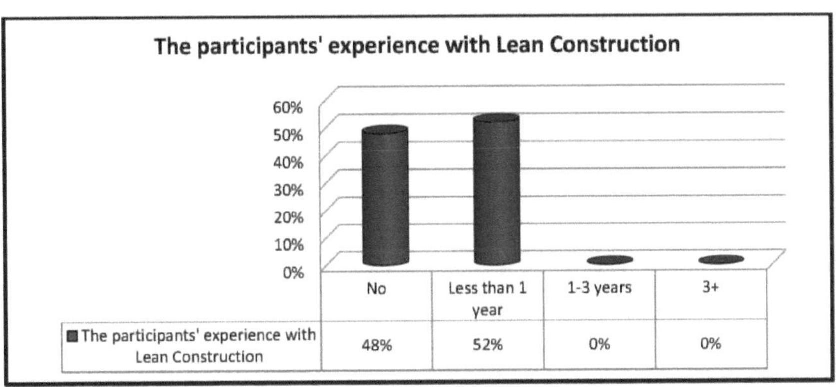

Figura 4.19: A experiência dos participantes com o Lean Construction

4.2.2.2 Tem informações sobre o LPS?

Para responder a esta pergunta, 56% dos participantes disseram que tinham informações e, como foi explicado nos questionários anteriores, 52% deles tinham experiência, mas os outros 44% não tinham informações, como mostra a Figura 4.20. No entanto, esperava-se uma percentagem ainda mais elevada, o que pode criar alguns problemas e dificuldades nos resultados, porque pode haver poucas pessoas a preencher a terceira parte do questionário.

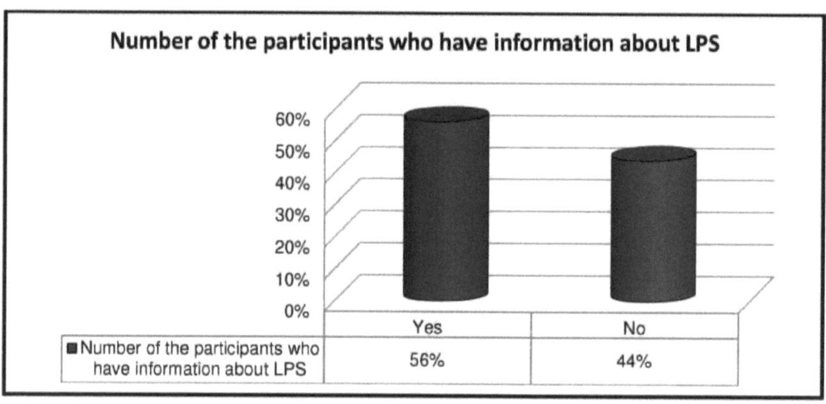

Figura 4.20: Percentagem de participantes que têm informações sobre o programa LLP

4.2.2.3 Os resultados alcançados, satisfatórios ou não?

Relativamente a esta questão, foi pedido aos participantes que classificassem a sua satisfação com o LC utilizando o LPS. As opções para esta pergunta eram 1 (menos satisfatório), 2 (satisfatório), 3 (mais satisfatório) e 4 (mais satisfatório). Embora todos os 28 participantes que continuaram a preencher o questionário após a segunda pergunta desta secção estivessem satisfeitos com os resultados, a sua satisfação não foi elevada, uma vez que 71,4% escolheram o menos satisfatório e 28,5% escolheram satisfatório, enquanto ninguém escolheu mais satisfatório ou o mais satisfatório, como mostra a Figura 4.21. Além disso, um dos entrevistados afirmou que a sua experiência não foi muito satisfatória porque enfrentou muitas dificuldades. Isto pode aplicar-se também a outros participantes.

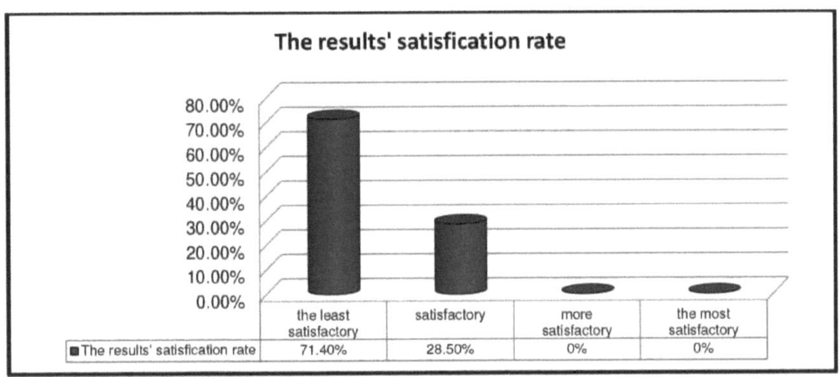

Figura 4.21: Taxa de satisfação dos resultados

4.2.2.4 Resumo da experiência dos participantes.

Os resultados mostraram que a experiência dos participantes com a construção Lean é baixa. No entanto, os resultados revelaram que cerca de metade dos participantes não têm experiência com o LC utilizando o LPS e alguns dos participantes tinham informações sobre o LC utilizando o LPS, mas nem todos tinham experiência com a sua implementação. Além disso, os que tinham informação, a sua informação ou experiência era limitada, o que não era suficiente para os satisfazer devido ao facto de este sistema ser novo e a sua execução poder confrontar-se com muitas dificuldades. De um modo geral, os resultados demonstram que existe uma ligação entre os resultados e a hipótese do investigador de que nem todos os participantes podem ter informação.

4.2.3 LC utilizando o LPS e outros factores na resolução de problemas de construção

Esta unidade do inquérito dependia de dois dos inquéritos de investigação, a fim de descobrir as causas dos resíduos na indústria da construção em NI e os factores que contribuem para a redução dos resíduos, de acordo com o ponto de vista dos participantes. Além disso, esta secção trata das complicações e dos apoios na execução deste sistema. Além disso, esta secção tentou descobrir até que ponto os participantes sugerem a implementação deste sistema na NI. Além disso, procura indicar a relação entre o ponto de vista dos participantes na NI e a literatura existente em LC utilizando o domínio LPS. Esta secção incluía 7 perguntas. 5 das perguntas estavam divididas em sub-perguntas e as outras duas perguntas eram de escolha múltipla.

4.2.3.1 Quais são os efeitos?

1. Tempo de inatividade (tempo entre actividades)

As respostas mostraram que todos os participantes que têm conhecimento do LC concordaram que o tempo de inatividade afecta o projeto, pois ninguém disse que não tem qualquer efeito ou tem poucos efeitos, mas 7,1% escolheram um efeito médio e os outros 92,8 escolheram um efeito grande. Além disso, um dos entrevistados disse que o tempo de inatividade é um grande problema em muitos projectos na NI, uma vez que desperdiça tempo e dinheiro e provoca atrasos, como mostra a Figura 4.22. Este entrevistado relacionou este problema com outros factores, tais como a avaria de equipamento, a falta de equipamento necessário e de pessoal qualificado a tempo e, por vezes, questões políticas, as condições meteorológicas e as condições das estradas provocam atrasos nos fluxos de materiais, pelo que o projeto é interrompido por um período indeterminado.

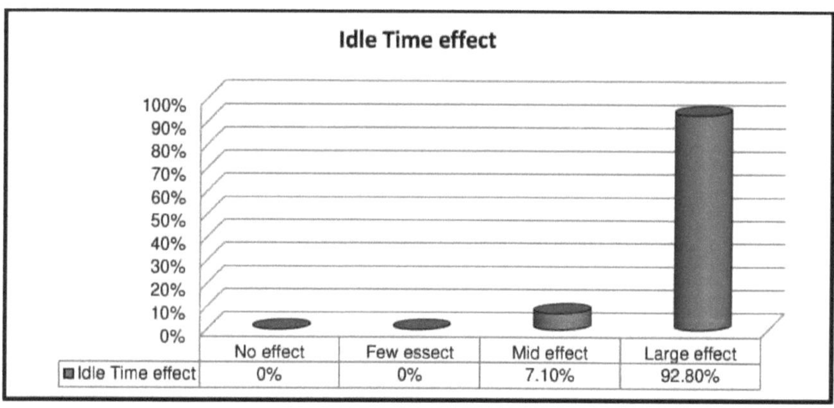

Figura 4.22: O efeito do tempo de inatividade de acordo com as respostas dos participantes

2. Movimento de trabalhadores e equipamentos no local de trabalho mais do que o necessário

3. Transporte de materiais (movimento de materiais no local que não é necessário)

Uma vez que estas duas questões podem ter quase o mesmo efeito, são discutidas em conjunto. Os resultados revelaram que a deslocação de trabalhadores e de equipamento para além do necessário influencia o projeto e que os inquiridos têm opiniões diferentes, uma vez que 28,5% escolheram o efeito grande, 14,2% escolheram o efeito médio e 57,1% escolheram o efeito pequeno. Enquanto 7,1% dos participantes disseram que o movimento desnecessário tem um efeito médio e 92,8% disseram que tem um efeito grande, como mostra a Figura 4.23. Além disso, um dos entrevistados disse que tanto o transporte desnecessário como a deslocação para além do necessário têm um efeito grande, porque ambos desperdiçam tempo, energia e dinheiro, enquanto outro disse que têm um efeito pequeno, uma vez que existem problemas mais graves do que este, por exemplo, a falta de equipamento e a não deslocação do mesmo.

Este entrevistado afirmou que o problema dos movimentos pode ser resolvido desde a raiz, através de uma organização prévia do projeto, para que não haja necessidade de mover nada. Além disso, Formoso, Isatto e Hirota (1999) afirmam que os movimentos desnecessários ou ineficazes efectuados pelos trabalhadores durante o seu trabalho, a má organização e o equipamento insuficiente podem ser razões para o desperdício. Do mesmo modo, Banawi (2014) afirma que a maior movimentação de materiais aumenta a probabilidade de desperdício.

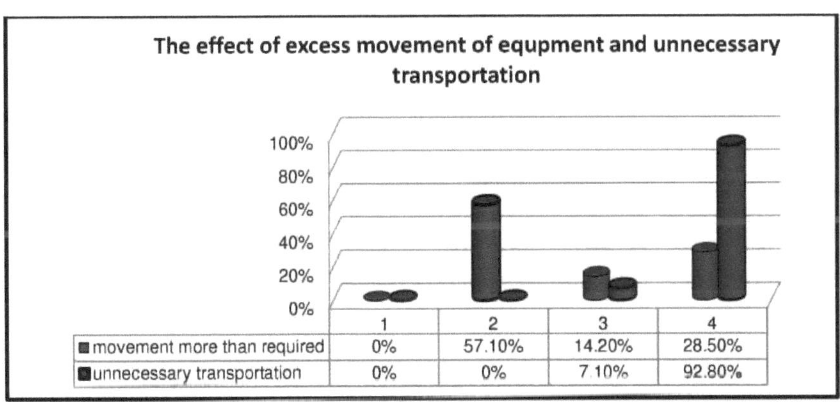

Figura 4.23: O efeito do transporte desnecessário e superior ao necessário no aumento dos resíduos

4.   **Presença do equipamento a tempo e horas**

Na opinião de um dos entrevistados, este pode ser o fator mais fundamental que afecta o êxito ou o fracasso de qualquer projeto, pelo menos no Norte do Iraque. Afirmou que, por vezes, não têm acesso a equipamento ou têm de esperar muito tempo pela chegada dos materiais ou ainda que, por vezes, os trabalhadores têm de efetuar um trabalho muito difícil devido à falta de maquinaria, o que faz perder tempo porque o trabalho será mais lento e também desperdiça energia. Além disso, os participantes no questionário tiveram a mesma ideia, uma vez que 100% deles disseram que a presença de equipamento tem um grande efeito, como mostra a Figura 4.24.

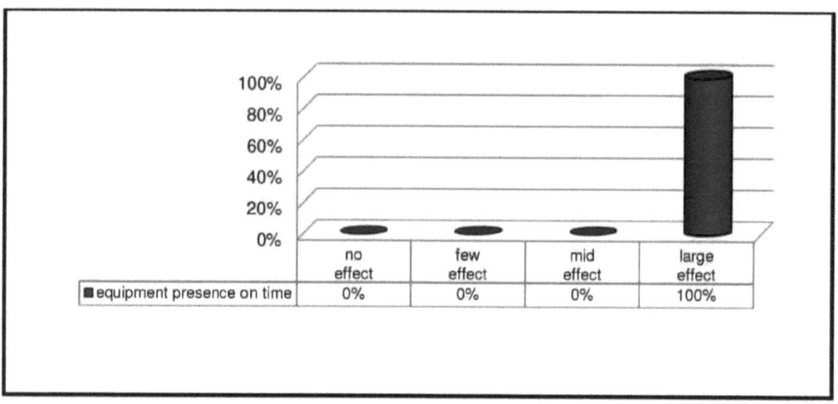

Figura 4.24: O efeito da presença do equipamento no tempo

5. Correção ou defeitos

O objetivo desta pergunta era saber a opinião dos participantes sobre o efeito da correção ou dos defeitos. Os participantes classificaram o seu efeito de forma diferente: 42,8% escolheram pouco efeito, 39,2% escolheram efeito médio, 17,8% escolheram grande efeito, mas ninguém disse que não tem efeito, como mostra a Figura 4.25. Da mesma forma, todos os entrevistados concordaram que tem efeito, uma vez que desperdiça tempo, material e energia, mas este efeito não é muito grande, uma vez que é resolúvel.

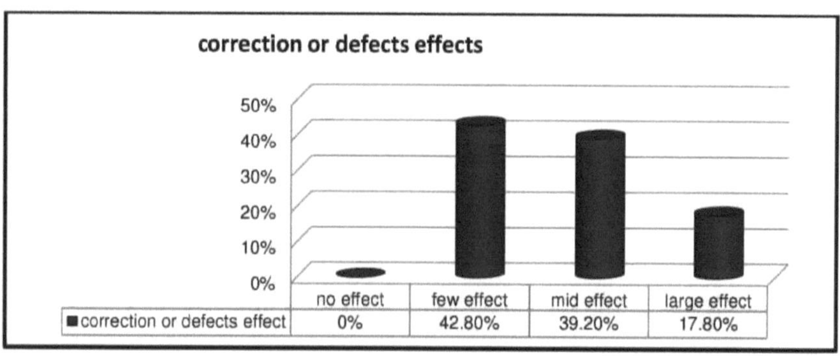

Figura 4.25: O efeito da correção ou dos defeitos

6.   Indivíduos subutilizados (criatividade das pessoas, capacidades mentais e físicas)

Os participantes reconheceram que é essencial utilizar as capacidades mentais e físicas das pessoas. Negligenciar as suas capacidades pode causar desperdício, uma vez que 10,7% escolheram o efeito médio e 89,2% escolheram o efeito grande, como mostra a Figura 4.26. Da mesma forma, alguns dos entrevistados queixaram-se de que, embora seja importante, não existe na maioria das empresas de construção, uma vez que dependem apenas das qualificações académicas e não da experiência ou das capacidades. Garret e Lee (2010) apoiam esta afirmação dizendo que a utilização ineficiente das capacidades mentais e físicas destas pessoas resulta em desperdício.

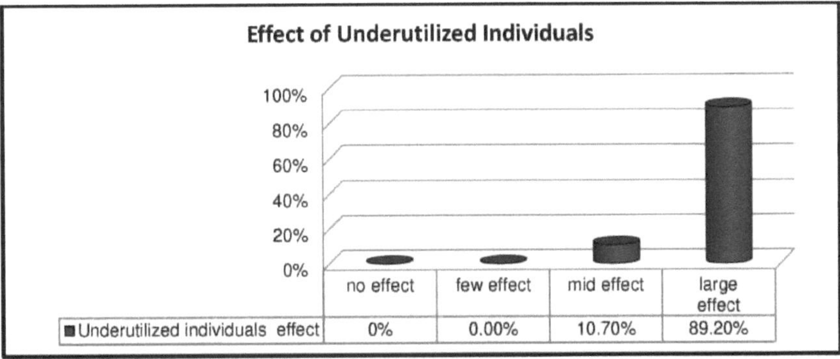

Figura 4.26: O efeito dos indivíduos subutilizados

7.   Comunicação deficiente entre as diferentes disciplinas

A comunicação e uma boa relação entre as partes e os departamentos de um projeto podem ser importantes, mas os inquiridos têm uma ideia diferente, uma vez que 46,4% escolheram que uma comunicação deficiente não tem qualquer efeito, 25% escolheram que tem pouco efeito e apenas 28,5% escolheram um efeito médio, como mostra a Figura 4.27. Além disso, um dos entrevistados afirmou que o seu efeito não é tão elevado, uma vez que tudo foi decidido previamente. Outro entrevistado considera que a comunicação entre as disciplinas é muito importante porque podem discutir problemas, dificuldades e requisitos e podem resolvê-los em conjunto, mas uma comunicação deficiente conduz a erros que exigem correção e cria desperdícios.

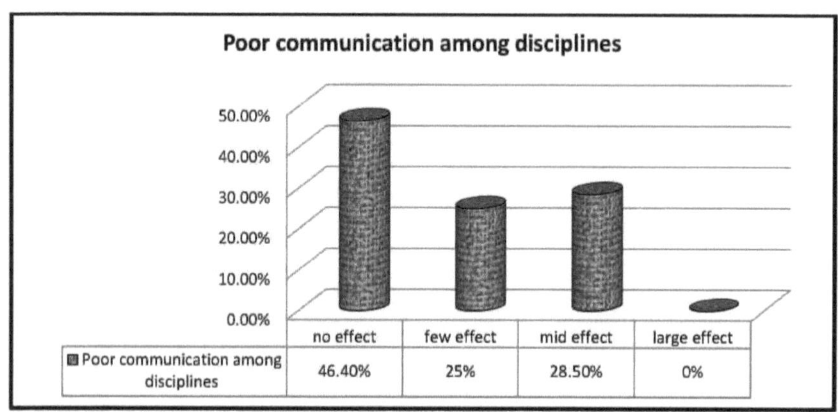

Figura 4.27: O efeito de uma comunicação deficiente entre as disciplinas

8. Nível de competência dos trabalhadores

A maioria dos participantes no questionário aceitou que é essencial empregar trabalhadores qualificados, uma vez que 17,8% escolheram o efeito grande, 67,8% escolheram o efeito médio, apenas 14,2 escolheram o efeito pequeno e ninguém escolheu o efeito nulo, como mostra a Figura 4.28. Do mesmo modo, todos os participantes nas entrevistas afirmaram que a utilização de trabalhadores qualificados tem um grande efeito na redução dos resíduos, mas é difícil encontrar trabalhadores qualificados para todas as tarefas. Além disso, por vezes, os empreiteiros tentam empregar pessoal com um salário mais baixo, o que provoca desperdício de tempo e de materiais.

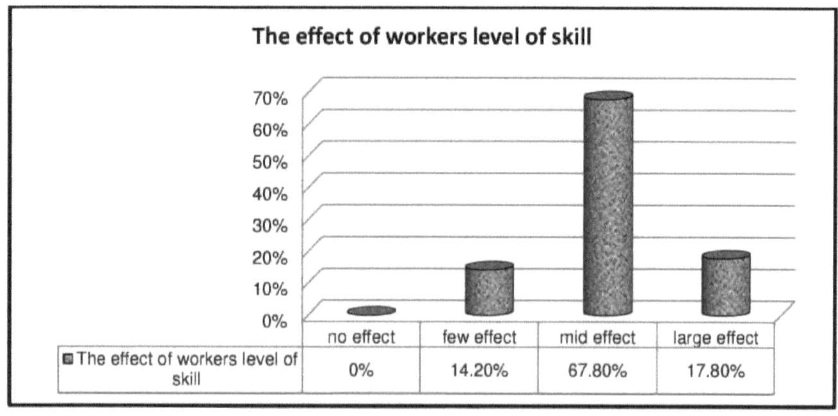

Figura 4.28: O efeito do nível de competências dos trabalhadores

9. Segurança no local de trabalho

Esta pergunta baseia-se na afirmação de Salem et al. (2006) de que a segurança é uma das ferramentas Lean. As respostas mostraram que os participantes estavam conscientes do efeito desta ferramenta essencial, uma vez que um entrevistado afirmou que a existência de condições de segurança é importante porque a falta de segurança pode causar a morte ou o atraso do projeto. Do mesmo modo, 75%, ou seja, um terço dos participantes no questionário, escolheram o efeito grande, 10,7% escolheram o efeito médio e apenas 14,2% escolheram o efeito pequeno, como mostra a Figura 4.29. Isto pode estar relacionado com o facto de não terem enfrentado esta questão, como afirmou um dos entrevistados.

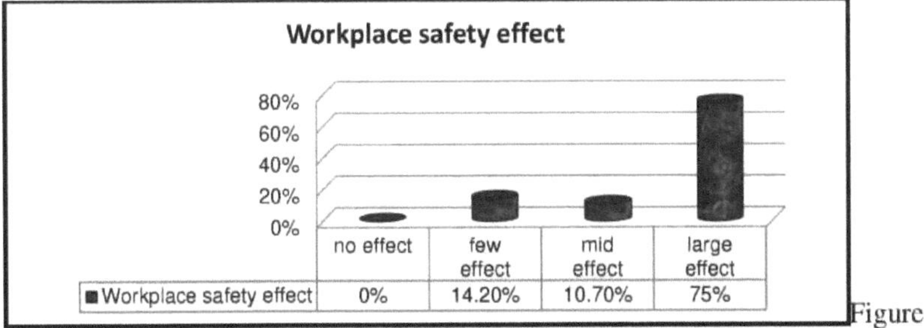

Figura: 4.29: O efeito da segurança no local de trabalho

10. Má gestão

Ballard (1994) considera que a gestão se centra no controlo, o que evita más mudanças e desperdícios. Da mesma forma, os participantes afirmaram que a gestão é importante, todos eles (100%) acreditavam que uma má gestão tem um grande efeito e os entrevistados afirmaram que é essencial ter um bom gestor e competências de gestão para evitar o desperdício de tempo, material, energia, capacidades e outros recursos, como mostra a Figura 4.30.

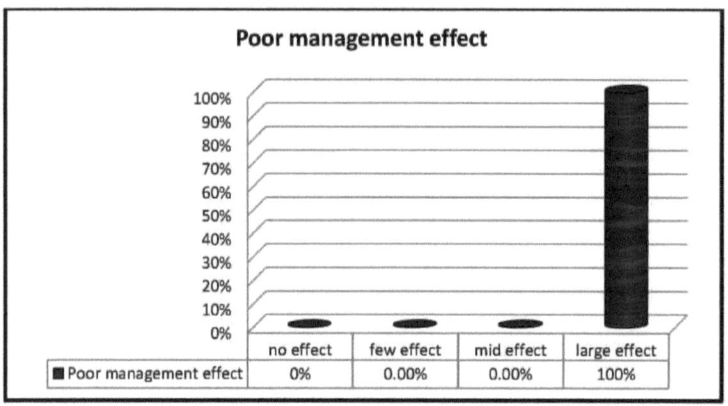

Figura 4.30: O efeito de uma má gestão

4.2.3.2 Disposições para reduzir os resíduos no sector da construção.

1. Governo

Esta pergunta tenta descobrir até que ponto o governo tem impacto na redução dos resíduos no sector da construção. Os participantes não escolheram um efeito elevado, uma vez que um entrevistado disse que a maior parte das empresas é responsável pelos projectos e não o Governo. Apenas 17,8% escolheram um efeito médio, 71,4% escolheram um efeito baixo e 10,7% escolheram nenhum efeito, como mostra a Figura 4.31.

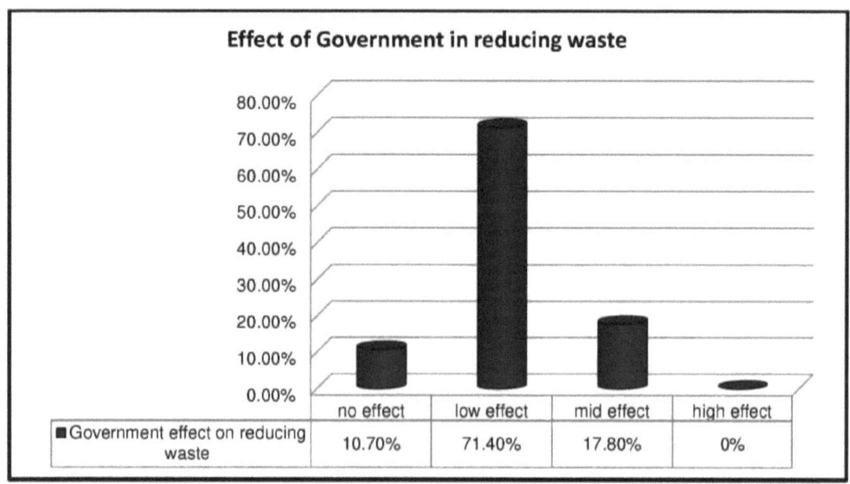

Figura 4.31: O efeito do governo na redução dos resíduos

2.   Novo paradigma de PM como LC

3.   Ter ferramentas como o LPS

Foi decidido discutir estas duas questões em conjunto, a fim de comparar a opinião dos participantes sobre o novo PM e o LPS na redução dos resíduos. Parece que os participantes têm uma atitude mais positiva em relação ao novo paradigma de gestão de projectos, como o LC, uma vez que ninguém escolheu nenhum efeito e apenas 21,4% escolheram, mas 60,7% escolheram um efeito médio e 17,8% escolheram um efeito elevado, como mostra a Figura 4.32. Um entrevistado afirmou que um bom sistema de gestão pode controlar e reduzir o desperdício. Jar e Michel (2009) apoiam esta afirmação, sugerindo que um bom sistema de gestão se centra na produção de valor sem gerar resíduos.

Por outro lado, apesar de terem informações sobre o LPS, a sua atitude em relação ao LPS foi diferente, uma vez que apenas 3,5% dos participantes consideram que tem um efeito elevado e 7,1% escolheram um efeito médio, enquanto 75% escolheram um efeito baixo e 14,2% escolheram nenhum efeito. A razão para estes resultados pode estar relacionada com a experiência insatisfatória dos participantes com o LPS, tal como foi referido na segunda secção deste inquérito. Além disso, um entrevistado relacionou-o com as dificuldades de o implementar em NI, uma vez que afirmou "qual é o benefício de ter um calendário e planos essenciais se não tivermos equipamento fundamental, material e pessoal qualificado?"

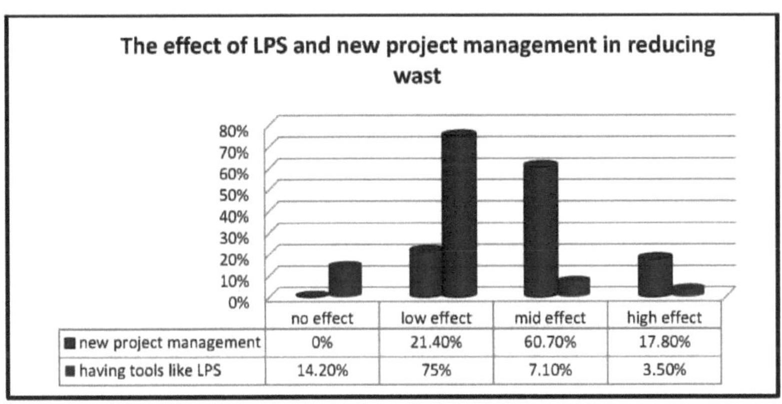

	no effect	low effect	mid effect	high effect
■ new project management	0%	21.40%	60.70%	17.80%
■ having tools like LPS	14.20%	75%	7.10%	3.50%

Figura 4.32: O efeito do LPS e do novo paradigma de gestão na redução dos resíduos, segundo a opinião dos participantes

4.   Aumentar a sensibilização no sector

As respostas a esta questão mostram que os participantes estão dispostos a acolher novas ideias e métodos modernos, uma vez que os entrevistados revelaram que os cursos de formação em todos os domínios são essenciais, não só para os engenheiros, mas também para os empreiteiros e outros trabalhadores, pois ajudam-nos a compreender melhor como controlar os resíduos, lidando com as dificuldades, utilizando novos equipamentos, trabalhando em equipa, etc. Também para o questionário, 92,8% escolheram o efeito médio e 7,1% escolheram o efeito elevado, como se pode ver na Figura 4.33.

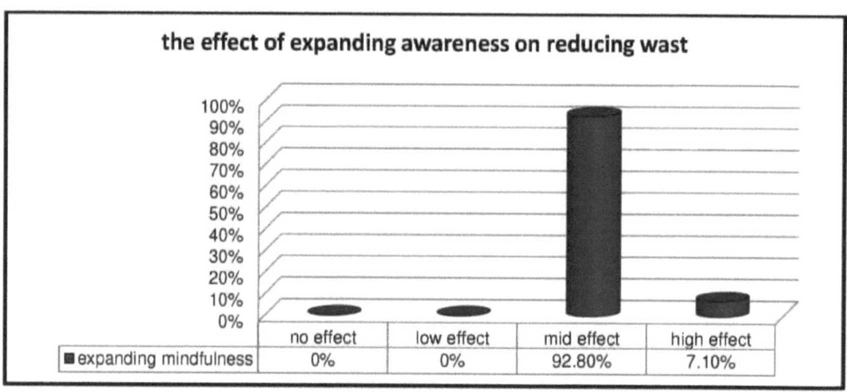

Figura 4.33: O efeito do aumento da sensibilização da indústria na diminuição dos resíduos

5.   Partilha de ideias entre colaboradores

As respostas a esta pergunta mostraram que a partilha de ideias não tem um impacto tão grande na redução dos resíduos, uma vez que 71,4% escolheram a opção "sem efeito" e 3,5 escolheram a opção "com pouco efeito", como mostra a Figura 4.34. Um dos entrevistados afirmou que a maioria dos trabalhadores é inexperiente e que as suas ideias podem não ser úteis, uma vez que tudo foi decidido previamente e os trabalhadores não estão em posição de interferir. Pelo contrário, outro entrevistado, que era um engenheiro experiente, afirmou que tinha beneficiado das ideias e dos feedbacks dos colegas e dos outros trabalhadores, mesmo numa posição inferior. Além disso, 10,7% escolheram o efeito médio e os restantes 14,2% escolheram o efeito elevado. Também Ballard (2000) e Howell (1999) afirmam que a consulta da equipa de desempenho do projeto pode melhorar o planeamento do trabalho.

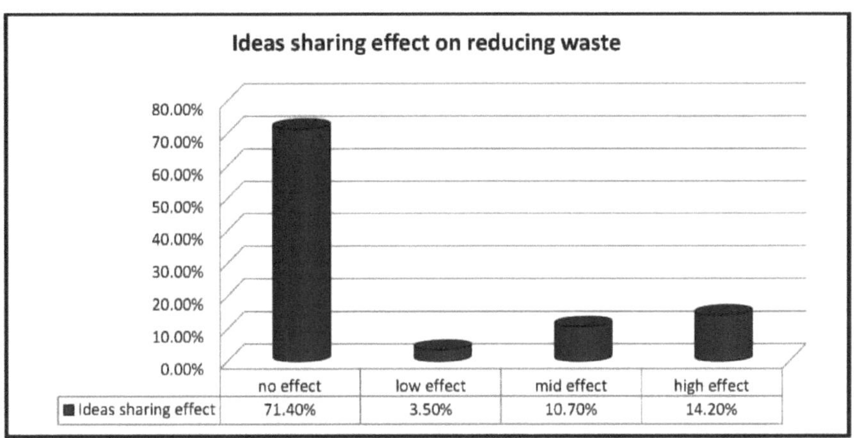

Figura 4.34: O efeito da partilha de ideias na redução dos resíduos, segundo os participantes

4.2.3.1 Utilidade do WWP e do PPC?

Relativamente a esta questão, 92,8% dos participantes afirmaram que se trata apenas de ferramentas de feedback e 7,1% afirmaram que são ferramentas de medição da variação do calendário. No entanto, foi dada aos participantes a liberdade de escolherem todas as respostas aplicáveis (ou seja, de escolherem mais do que uma opção), mas parece que escolheram apenas uma, o que pode dever-se ao facto de não terem experiência suficiente com o LPS. Além disso, as respostas dos entrevistados variaram entre estas duas opções, tendo apenas um deles afirmado que se tratava de ferramentas de controlo da produção, em primeiro lugar, e depois de ferramentas de análise das causas profundas. Também Ballard, (2000) e Ballard et al., (2007) afirmam que resolvem as causas profundas dos problemas e previnem a sua repetição.

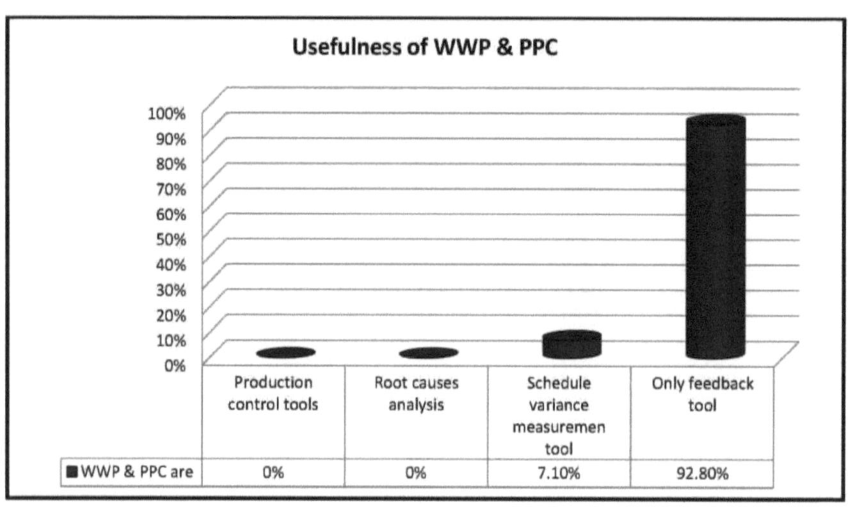

Figura 4.35: WWP e PPC de acordo com os participantes

4.2.3.2 Classificação dos factores críticos de sucesso (FCS) a seguir enumerados:

1. Apoio da gestão de topo

Relativamente a esta questão, os participantes mostraram interesse num bom sistema de gestão nas suas respostas às questões anteriores, uma vez que afirmaram que uma má gestão gera desperdícios e acolheram a ideia de um novo paradigma de gestão, como a construção enxuta. Também para esta questão, 100% classificaram o apoio da gestão de topo como um dos factores críticos de sucesso mais eficazes, como mostra a Figura 4.36. Do mesmo modo, os entrevistados sublinharam que a gestão de topo tem um papel eficaz no sucesso do projeto porque um bom gestor organiza todas as tarefas e envolve todos os trabalhadores e fornece-lhes os materiais necessários.

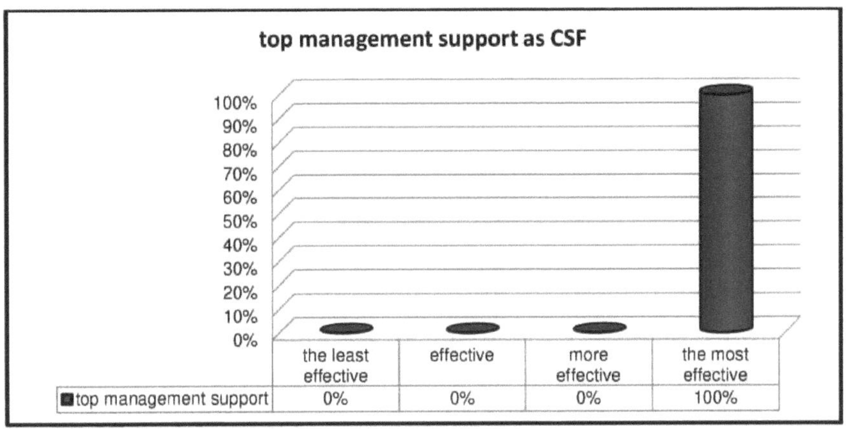

Figura 4.36: Efeito do apoio da gestão de topo como um dos QCA

2. Compromisso contratual

As respostas para este fator foram 14,2% afirmaram que é um fator eficaz, 21,4% disseram que é mais eficaz e os outros 64,2% escolheram-no como o fator mais eficaz, como mostra a Figura 4.37. Além disso, os entrevistados consideram que é vital que o engenheiro supervisor esteja presente no local para realizar o trabalho de uma forma melhor, qualquer inadequação será resolvida a tempo e não há necessidade de correção de defeitos nas fases finais.

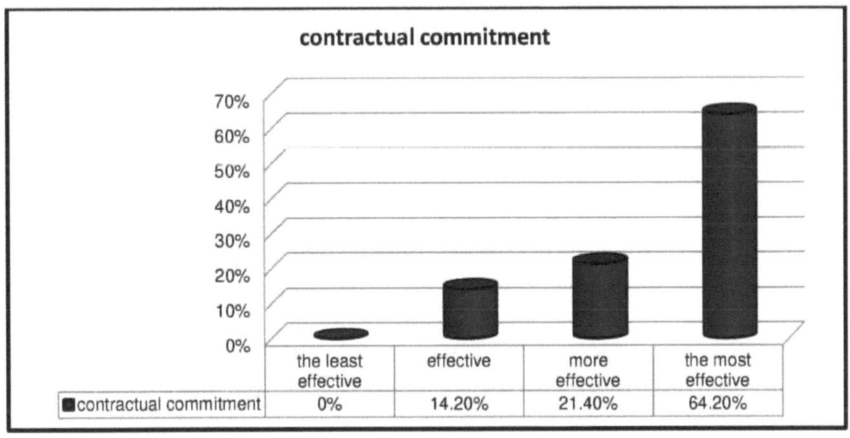

Figura 4.37: Opinião dos participantes sobre os compromissos contratuais

3.   Envolvimento de todos os participantes

Este fator parece ser um QCA muito eficaz para a realização dos projectos, uma vez que um entrevistado afirmou que todos os funcionários e todos os que estão ligados ao projeto devem estar envolvidos, para que todas as tarefas sejam concluídas a tempo sob a supervisão do gestor e do supervisor e cumpram os requisitos. Além disso, 71,4% escolheram que é o fator mais eficaz e 28,5% escolheram o fator mais eficaz, como mostra a Figura 4.38.

Também de acordo com a AIACC (2014), o envolvimento contínuo do proprietário, dos principais projectistas e dos construtores desde o início até ao fim é muito importante para a realização dos projectos. Da mesma forma, o envolvimento de todas as partes pode fazer com que diferentes tarefas sejam executadas ao mesmo tempo, uma vez que Diekmann et al. (2004) afirmam que a coordenação e a montagem das actividades para que fluam em ordem paralela em vez de ordem consecutiva é fundamental para poupar tempo e orçamento.

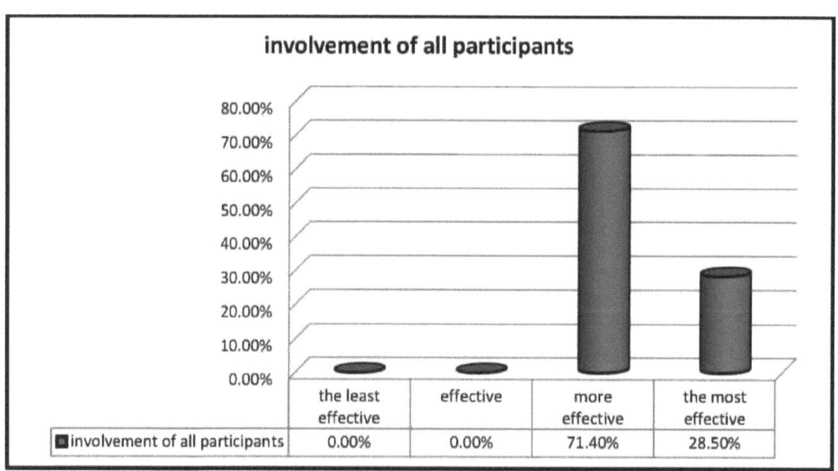

Figura 4.38: A eficácia do envolvimento de todos os participantes no projeto

4.   Comunicação e coordenação entre as partes

4.1 1% dos participantes disseram que é a menos eficaz, 25% disseram que é eficaz e 17,8% disseram que é mais eficaz, como mostra a Figura 4.39. A variação destas respostas pode estar relacionada com o facto de que, como disse um entrevistado, quando a decisão é tomada no início e os projectos são divulgados, a comunicação é inútil se for para partilhar ideias, mas se for para saber qual é o próximo passo e apresentar um relatório às autoridades, é boa.

Este facto é totalmente oposto ao de Ballard e Howell (1998), que afirmam que a discussão presencial melhora uma estratégia implementada, classifica as tarefas e organiza-as. Este entrevistado também afirmou que a coordenação é muito eficaz e pode ser considerada como um dos QCA mais importantes para realizar a tarefa a tempo e incentiva o trabalho em equipa.

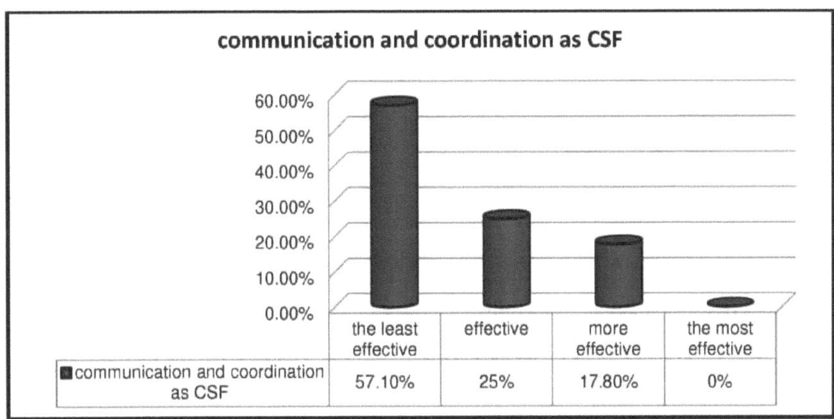

Figura 4.39: Eficácia da comunicação e da coordenação como QCA, de acordo com os inquiridos nos questionários

5. Relação com os submarinos

A cultura pode desempenhar um papel essencial na vida quotidiana nesse local do mundo, uma vez que alguns dos entrevistados afirmaram que a maioria dos empregados e membros do pessoal será escolhida com base em relações de amizade e parentesco.

Além disso, afirmaram que esta situação pode afetar o projeto, uma vez que algumas destas pessoas empregadas não são competentes, mas, ao mesmo tempo, tem algumas vantagens, porque todos os membros cooperam entre si, tentam realizar o seu trabalho da melhor forma possível para se satisfazerem mutuamente e não frustram os seus amigos ou familiares. Do mesmo modo, uma boa relação entre empregados, gestores, engenheiros, supervisores, empreiteiros e outras partes melhora o respeito e o afeto, pelo que todos desempenham a sua tarefa com satisfação. Também as respostas ao questionário aprovaram este facto, uma vez que 35,7% escolheram mais eficaz e 64,2% escolheram o mais eficaz, como mostra a Figura 4.40.

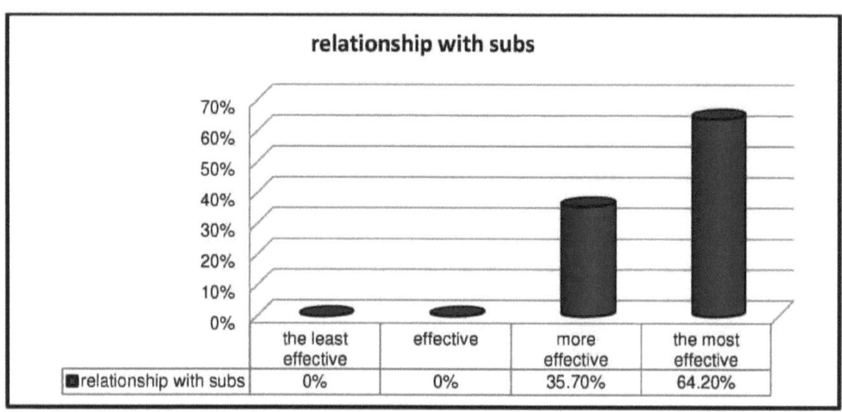

Figura 4.40: A eficácia da relação com os subscritores como QCA

4.2.3.3 Dificuldades encontradas pela empresa durante a implementação?

1.   Participação do proprietário

2.   Participação do projetista/engenheiro

As respostas a estas duas perguntas foram variadas, pois metade dos participantes disse que o envolvimento do proprietário tem um efeito reduzido, 14,2% disse que tem um efeito médio e 35,7% disse que tem um efeito elevado na criação de dificuldades para a empresa, ao passo que 60,7% dos participantes disseram que o envolvimento do engenheiro não tem qualquer efeito na criação de dificuldades e 32,1% disseram que tem um efeito reduzido, como mostra a Figura 4.41. Todos os entrevistados relacionaram estas variações com o facto de o envolvimento do proprietário criar dificuldades, uma vez que o proprietário pode ter perguntas diferentes das que foram feitas, mas todos concordaram que, apesar de criar dificuldades e causar atrasos, é bom ao mesmo tempo que todas as correcções sejam feitas nas fases iniciais, uma vez que, se fossem deixadas para as fases finais, poderiam exigir mais esforço, trabalho, tempo e dinheiro. Diekmann et al, (2004) sugerem que os requisitos do cliente devem ser determinados e analisados em cada fase de produção. Do mesmo modo, os participantes afirmaram que o envolvimento do designer ou do engenheiro em todas as fases é essencial para garantir que cada tarefa seja executada corretamente e a tempo.

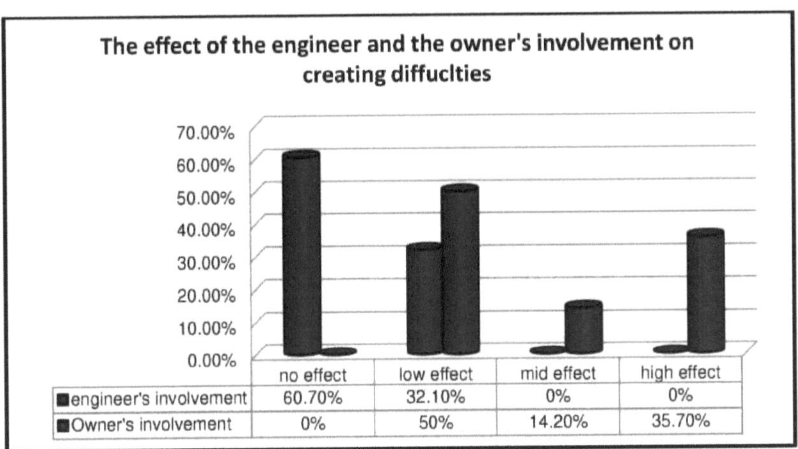

	no effect	low effect	mid effect	high effect
■engineer's involvement	60.70%	32.10%	0%	0%
■Owner's involvement	0%	50%	14.20%	35.70%

Figura 4.41: O efeito do envolvimento do proprietário e do engenheiro na criação de dificuldades.

3. Participação do subcontratante

4. Participação dos contratantes

92,8% dos participantes escolheram nenhum efeito, 7,1% escolheram baixo efeito para o envolvimento do subcontratante e todos eles disseram que o envolvimento do contratante não tem efeito na criação de dificuldades para a empresa, como mostra a Figura 4.42.

Um entrevistado afirmou que o envolvimento tanto do empreiteiro como do subempreiteiro é essencial para que a empresa tenha a certeza de que o projeto estará sob controlo, o empreiteiro possa avaliar o subempreiteiro e decidir contratar essa pessoa para tarefas futuras e os trabalhadores executem o seu trabalho sem atrasos ou negligência. Pode dizer-se que os resultados destas duas questões coincidem com as conclusões do estudo realizado no Chile, que desenvolveu um método útil para resolver muitos problemas e ajudou os subcontratantes a controlar o desempenho dos trabalhadores no estaleiro. Além disso, permite ao empreiteiro principal tomar uma decisão correta para escolher os subempreiteiros adequados para as tarefas futuras Maturana et al. (2007).

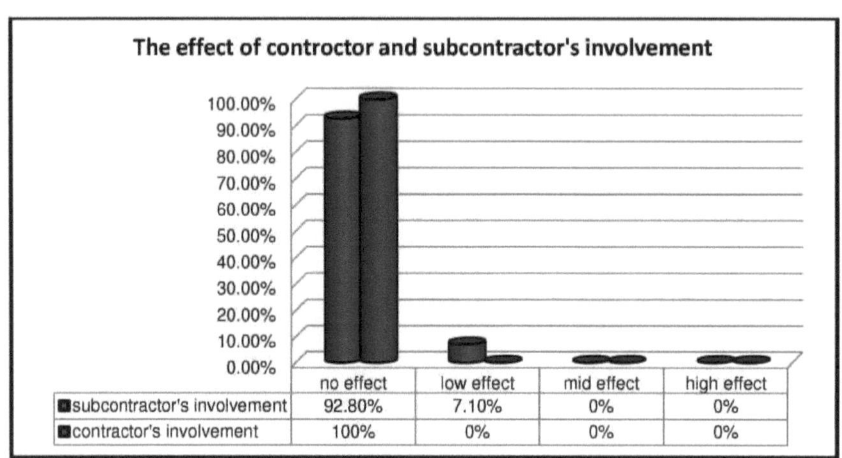

	no effect	low effect	mid effect	high effect
subcontractor's involvement	92.80%	7.10%	0%	0%
contractor's involvement	100%	0%	0%	0%

Figura 4.42: O efeito do envolvimento do contratante e do subcontratante na criação de dificuldades

5. Educar os participantes com LPS

Todos os entrevistados estão interessados na ideia de educar os participantes com o LPS e afirmaram que não tem impacto na criação de dificuldades, mas, ao mesmo tempo, alguns deles estavam preocupados com outros obstáculos à implementação deste sistema, como afirmaram: "educar as pessoas com novos métodos é essencial, mas na NI é mais importante tentar fornecer máquinas modernas, material e melhorar o estado da estrada, porque ter informação, plano, projeto e pessoal qualificado é inútil sem ter o material necessário".

Do mesmo modo, 78,5% dos participantes no inquérito escolheram que não tem qualquer efeito na criação de dificuldades para as empresas e 21,4% escolheram que tem um efeito reduzido, como mostra a Fig.4.43.

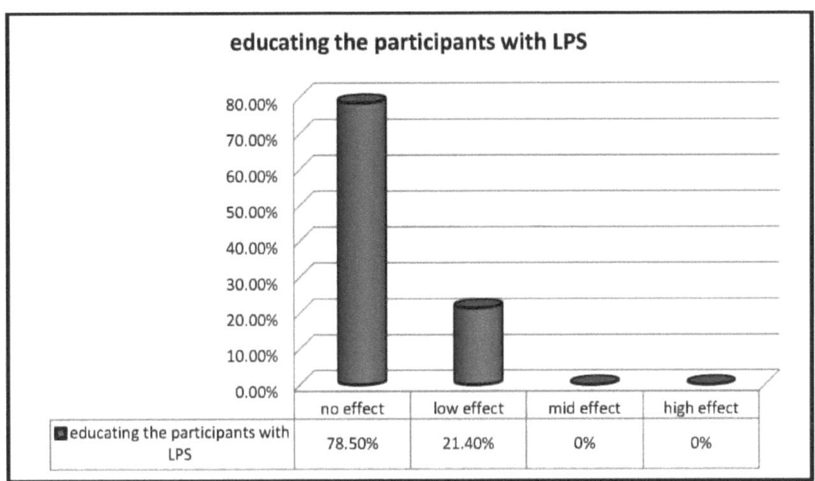

Figura 4.43: O efeito da educação de pessoas com SPL na criação de dificuldades para as empresas

4.2.3.6 Desafios de implementação a nível organizacional Instruções:

1. Existe uma forte liderança na minha organização para a implementação do LPS.

2. A direção da minha organização está empenhada na implementação e utilização do LPS.

Para responder a estas perguntas, os participantes não estavam satisfeitos com a liderança para a implementação do LPS nas suas organizações, uma vez que 78,5% dos participantes escolheram discordar e os outros 21,4% escolheram concordar, por outro lado, 100% deles escolheram discordar porque todos eles acreditavam que a gestão não está empenhada em implementar o LPS, como mostra a Fig.4.44.

Os entrevistados relacionaram esta situação com o facto de os gestores poderem estar fortemente dispostos a implementar o LPS e até poderem ter tentado fazê-lo, mas as dificuldades com que se deparam, como a falta de maquinaria ou de fluxo de materiais, podem ser a razão para se arrependerem das suas decisões.

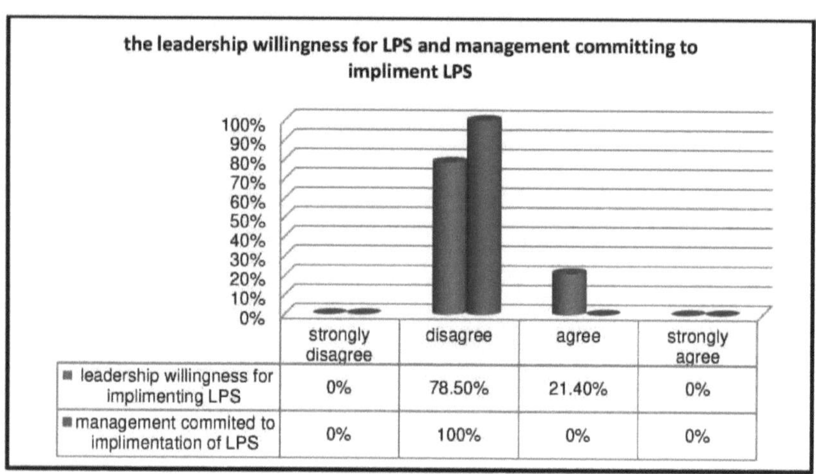

	strongly disagree	disagree	agree	strongly agree
■ leadership willingness for implimenting LPS	0%	78.50%	21.40%	0%
■ management commited to implimentation of LPS	0%	100%	0%	0%

Figura 4.44: A opinião dos participantes sobre a liderança para a implementação do LPS e o compromisso da direção com a implementação do LPS.

3. Na minha organização, as pessoas têm relutância em implementar e utilizar o LPS para fins de planeamento e controlo.

4. Na minha organização, as pessoas não estão dispostas a mudar quando são introduzidos novos sistemas.

As respostas mostraram que os engenheiros, empreiteiros e construtores estão dispostos a mudar, mas estão hesitantes, uma vez que 17,8% concordaram fortemente, 71,4 concordaram que as pessoas estão relutantes em implementar o LPS e apenas 10,1% discordaram, uma vez que um entrevistado afirmou que nem todas as pessoas estão relutantes, uma vez que algumas adoram tentar novos métodos, mas as organizações não as apoiam, ou mesmo as impedem, como mostra a Figura 4.45.

Além disso, 71,4% dos participantes discordaram que não estão dispostos a mudar quando são introduzidos novos sistemas e os outros 14,2% concordaram e os entrevistados admitiram que a maioria das pessoas que trabalham no sector da construção tem uma grande tendência para mudar e aplicar novos métodos, mas hesitam porque o acesso ao material e à maquinaria necessários é limitado e não estão autorizados a seguir quaisquer métodos ou planos, uma vez que as empresas impõem os seus métodos.

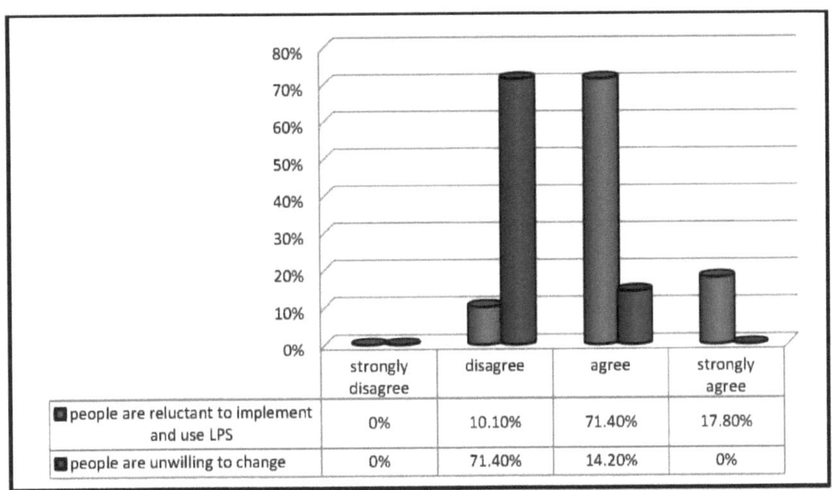

	strongly disagree	disagree	agree	strongly agree
people are reluctant to implement and use LPS	0%	10.10%	71.40%	17.80%
people are unwilling to change	0%	71.40%	14.20%	0%

Figura 4.45: A opinião dos participantes sobre as pessoas que não estão dispostas a mudar quando são introduzidos novos sistemas e que estão relutantes em implementar o LPS

5.   Na minha organização, as pessoas não estão habilitadas a utilizar o LPS.

6.   Na minha organização, as pessoas não têm conhecimentos suficientes sobre a utilização do LPS para fins de planeamento e controlo.

As respostas a estas duas questões foram as mesmas, pois 10,7% discordaram e 89,2% concordaram que as pessoas nas suas organizações não têm competências para utilizar o LPS e não têm conhecimentos suficientes para utilizar o LPS para fins de planeamento e controlo, como mostra a Figura 4.46.

Além disso, os participantes na entrevista afirmaram que existem algumas pessoas qualificadas que possuem um vasto conhecimento e experiência na maioria das empresas e organizações, uma vez que necessitaram dos seus conhecimentos quando estavam a trabalhar ou a estudar no estrangeiro ou a trabalhar com empresas estrangeiras. Há também algumas pessoas que têm alguns conhecimentos, mas não são suficientes para assumir a responsabilidade e praticá-los e as empresas não as apoiam para melhorar as suas competências e informações.

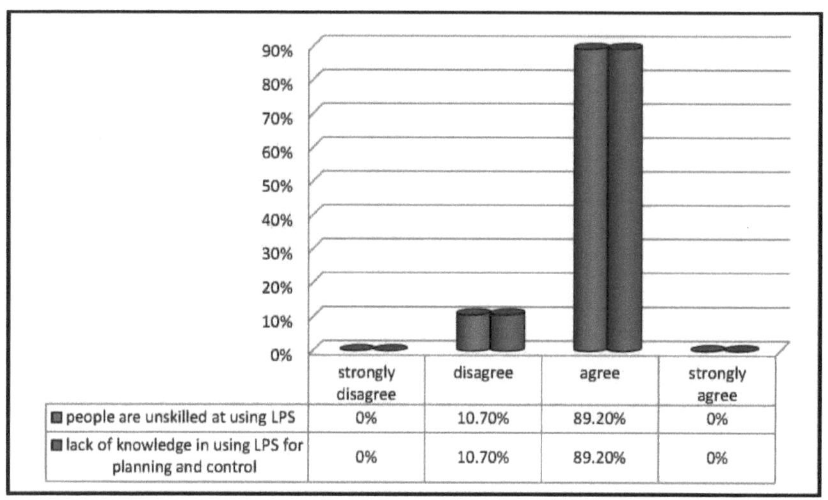

	strongly disagree	disagree	agree	strongly agree
people are unskilled at using LPS	0%	10.70%	89.20%	0%
lack of knowledge in using LPS for planning and control	0%	10.70%	89.20%	0%

Figura 4.46: A opinião dos participantes sobre pessoas não qualificadas e falta de conhecimento na utilização do LPS para planeamento e controlo nas suas organizações.

7.   Na minha organização, as pessoas têm dificuldade em utilizar o LPS.

8.   A minha organização enfrenta conflitos externos (por exemplo: falta de apoio do cliente ou do subcontratante) e desafios na implementação e utilização do LPS.

As respostas a estas duas questões foram analisadas em conjunto, uma vez que as respostas estavam correlacionadas em certa medida. 100% dos candidatos concordaram que acham difícil utilizar o LPS nas suas organizações. Além disso, 14,2% dos nomeados escolheram discordar e 85,7% escolheram concordar que enfrentam desafios e conflitos na implementação do LPS, como mostra a Figura 4.47. Um dos entrevistados queixou-se desta questão e afirmou que toda a gente deve seguir as regras e os métodos da empresa e que ninguém se importa com os seus conhecimentos, mas querem que faça o seu trabalho.

Outro candidato afirmou que todos querem um trabalho perfeito, mas não permitem que os membros do pessoal expressem as suas ideias ou os apoiem. Além disso, outro entrevistado afirmou que, por vezes, a pessoa responsável ou o cliente não se importam com a forma como o pessoal executa o trabalho, o mais importante é que o trabalho esteja perfeito no final, mas, ao mesmo tempo, não cooperam e não fornecem as máquinas ou o material necessário a tempo. De acordo com as respostas acima, pode dizer-se que a NI continua a seguir os métodos tradicionais, uma vez que se concentra mais no resultado do que no processo.

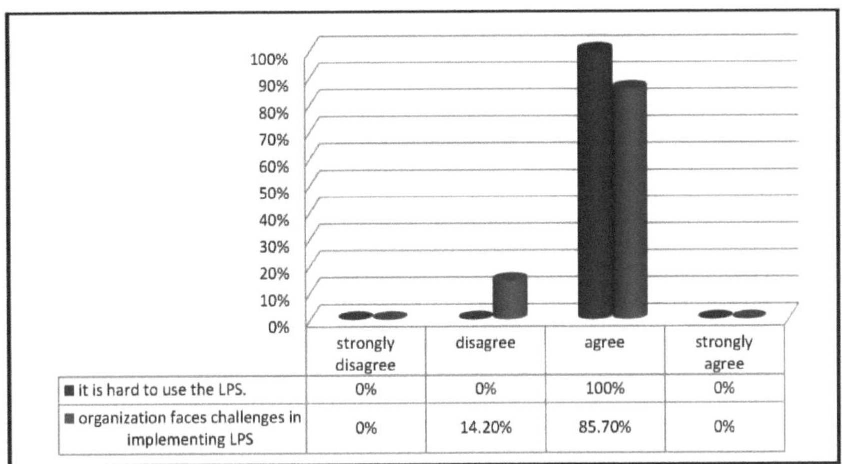

	strongly disagree	disagree	agree	strongly agree
■ it is hard to use the LPS.	0%	0%	100%	0%
■ organization faces challenges in implementing LPS	0%	14.20%	85.70%	0%

Figura 4.47: Opinião dos candidatos sobre a dificuldade de implementar o LPS e os desafios externos à sua implementação.

9.   Na minha organização, as pessoas têm dificuldade em colaborar com as equipas de outras organizações durante as reuniões do WWP

Em relação a esta questão, os participantes tiveram respostas mais negativas, uma vez que a maioria concordou que acha difícil colaborar com as equipas de outras organizações, pelo que 92,8% escolheram concordar e 7,1 escolheram discordar, como mostra a Figura 4.48. Um dos entrevistados afirmou que é difícil ajudarem-se mutuamente e partilharem ideias porque não existe uma reunião semanal formal sobre o plano de trabalho, pelo que os líderes e os membros da equipa se vêem de vez em quando ou durante o horário de trabalho, discutindo os seus pensamentos, enquanto os outros entrevistados admitiram que ninguém deseja ajudar os outros, todos querem manter as melhores ideias em segredo e realizar o melhor trabalho para serem famosos e conseguirem o próximo projeto ou obterem um emprego melhor com um melhor pagamento nas empresas mais conhecidas do país.

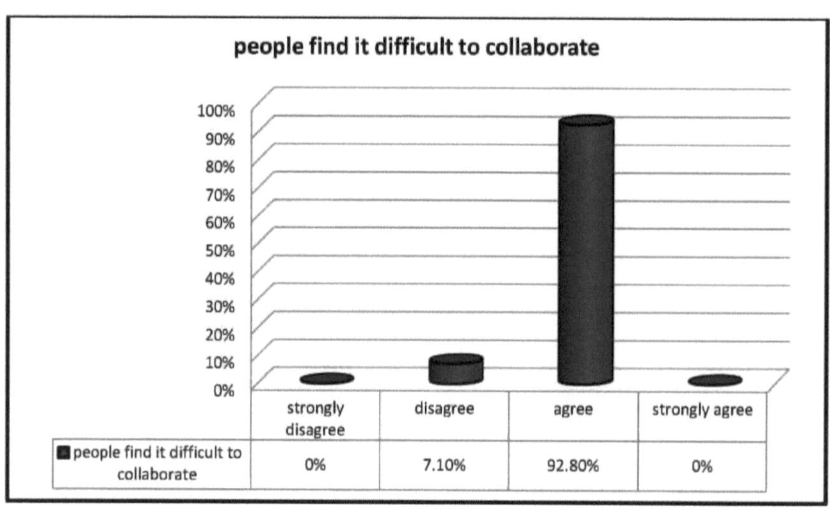

Figura 4.48: A opinião dos participantes sobre as equipas e a colaboração dos membros da equipa

4.2.3.7 Implementação da LPS nos futuros projectos?

Todos os participantes que completaram o inquérito até ao final tinham informações sobre o LPS, mas apenas 7,1% não tinham experiência, tal como mencionado na secção 2 deste questionário. Quase todos estavam interessados em implementar este método no futuro, uma vez que apenas 4% disseram que sim, 21 disseram que talvez, tal como um entrevistado disse: "Não tenho a certeza do seu sucesso porque pode demorar muito tempo até que os empregados e as empresas se habituem a ele". Os restantes 75% afirmaram que este método deveria ser implementado em projectos futuros, como mostra a Figura 4.49.

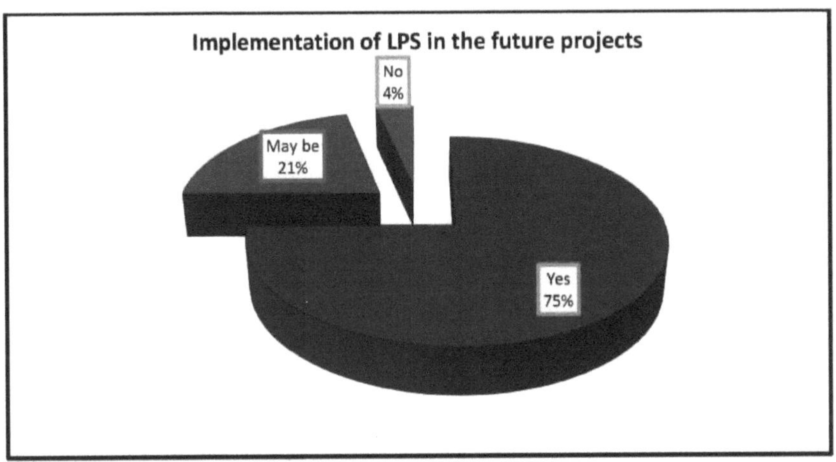

Figura 4.49: Opinião dos participantes sobre a implementação do LPS no futuro

4.2.3.8 Resumo dos resultados relativos à CA que utiliza o LPS e outros factores na resolução de problemas de construção

Em suma, verificou-se que a secção revelou que, apesar da experiência limitada dos participantes sobre o LC e o LPS, eles estavam conscientes das causas dos resíduos, das soluções, das dificuldades do CSF que enfrentam os projectos e da implementação de novas ideias. Para além disso, os participantes gostariam de implementar novos métodos e melhorar os seus conhecimentos, mas enfrentam muitas dificuldades.

4.4 Resumo do capítulo

Neste capítulo, os resultados e as conclusões do estudo prático desta investigação foram calculados e debatidos. Também foi ilustrado o estudo de caso efectuado pelo investigador. Este estudo de caso foi efectuado em quatro fases: (i) formação em LPS, (ii) sessões de PPS, (iii) desenvolvimento de 6 WLAP e WWP, e (iv) processo de avaliação da implementação da LPS apoiado por entrevistas e questionários. Os resultados revelaram a existência de uma ligação entre as conclusões de alguns dos investigadores que foram conduzidos em vários pontos do mundo e a NI. Além disso, em certa medida, as teorias foram encontradas nas respostas dos inquiridos. Por exemplo, a informação dos inquiridos sobre o LC utilizando o LPS era muito restrita e eles estão interessados em aprendê-lo e implementá-lo em projectos futuros. Além disso, os nomeados revelaram que muitos outros factores afectam os resíduos e a implementação do LPS na NI. Este facto pode estar relacionado com questões políticas e culturais. Do mesmo modo, os resultados evidenciaram as vantagens do processo de planeamento.

4.5 Implementação do Lean Construction

A aplicação do Lean poupa tempo e dinheiro e diminui o efeito ambiental negativo e é necessária tanto para as necessidades actuais como para as futuras. Apesar da dificuldade de implementação, é suposto ser obrigatório no futuro. Os proprietários e as empresas contratantes são os sectores mais influentes na adoção do Lean, enquanto os estabelecimentos de conceção, os consultores, os institutos de ensino, os organismos profissionais e os governos vêm em segundo lugar. Seguem-se os passos básicos que estão envolvidos no desenvolvimento de um modelo a ser implementado na NI. O diagrama de fluxo do sistema Last planner é apresentado na figura 4.50.

O LPS só foi implementado a meio dos projectos. O plano de investigação consistia em realizar o processo de implementação em quatro fases, sendo efectuada uma avaliação no final de cada fase. Acredita-se que esta implementação gradual estabiliza gradualmente os elementos do LPS, minimiza a resistência à mudança e tem a vantagem adicional de proporcionar uma oportunidade para avaliar cada fase e levar as lições aprendidas para a próxima. A Figura 4.50 mostra a estratégia de implementação do LPS nos casos estudados.

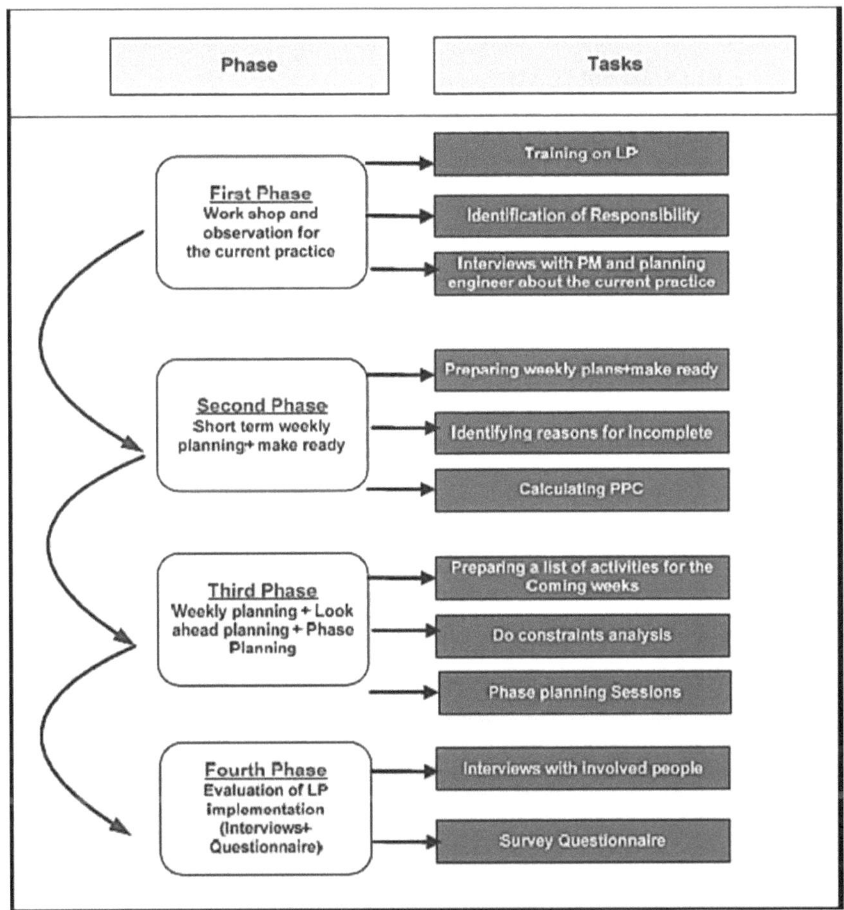

Figura 4.50: Desenvolvimento do modelo do sistema Last Planner

Capítulo 5

CONCLUSÃO E RECOMENDAÇÃO

5.1 CONCLUSÃO

O objetivo desta investigação foi investigar os benefícios económicos e ambientais da implementação do LC utilizando o LPS como ferramenta na indústria da construção, bem como os desafios enfrentados pela sua implementação e as recomendações observadas durante esta investigação.

O objetivo deste estudo era implementar e avaliar o LPS num determinado projeto. Este estudo forneceu novos conhecimentos no que diz respeito às questões que envolvem a implementação de um novo conceito num projeto em curso e as questões relacionadas com a implementação do LPS. As seguintes conclusões podem ser retiradas desta tese:

1. A técnica LPS provou que podia melhorar os aspectos de planeamento da prática de gestão da construção e trazer numerosas vantagens. A comparação entre os rácios de PPC calculados indicou a implementação bem sucedida do LPS no projeto. Além disso, a implementação bem sucedida do LPS foi apoiada pelo facto de a equipa de gestão do projeto ter sido capaz de recuperar as actividades de construção para a estrutura.

2. Metade dos participantes no inquérito admitiu que as LPS aumentam por vezes o volume de trabalho. No entanto, o LPS era um conceito novo para a maioria dos inquiridos.

3. Embora existissem alguns obstáculos que impediam a realização de todas as potencialidades da LPS, o processo de implementação do projeto foi bem sucedido, tal como confirmado pelos resultados e conclusões do questionário do inquérito.

4. Os resultados do inquérito identificaram o nível de envolvimento das empresas subcontratantes como uma das principais barreiras que impedem a implementação do LPS. A maioria dos representantes do empreiteiro geral e do proprietário propôs a obtenção de um compromisso contratual por parte dos subcontratantes.

5.2 Desafios

Parece que existe uma escassez de profissionais Lean, para além da falta de um quadro jurídico e de um sistema de contratos que permita a colaboração entre todas as partes. A sensibilização para o Lean ainda não é comum no sector. Para além do enorme investimento inicial em infra-estruturas de TI necessárias para a implementação do LPS.

5.3 Sugestões

É necessário aumentar a sensibilização dos profissionais do sector, especialmente dos proprietários e das empresas contratantes, para a importância de adotar novos conceitos no sector, a fim de minimizar os impactos ambientais negativos e maximizar os benefícios económicos.

A fim de permitir a colaboração entre todas as partes, deve ser desenvolvida uma nova forma de enquadramento legal e de contratos. Os institutos de ensino devem oferecer programas sobre novos conceitos de gestão da construção que ajudem a preparar uma nova geração de profissionais prontos a implementar estes conceitos no terreno.

5.4 Recomendações para investigação futura

Este estudo reconhece que é necessária mais investigação para melhor identificar os benefícios e os desafios da implementação dos conceitos Lean. Recomendam-se as seguintes áreas para mais investigação:

1. Investigação dos desafios Lean em cada país à parte.

2. Deverão ser efectuados mais estudos para investigar em profundidade o papel dos institutos de ensino e dos organismos profissionais na preparação dos profissionais Lean.

3. É necessário realizar um estudo sobre os proprietários dos projectos (promotores imobiliários, investidores e governos), cujos resultados podem ser úteis para identificar os principais desafios à implementação do Lean.

4. Desenvolvimento de um programa de formação, que irá formar os futuros últimos planeadores (programadores, superintendentes e encarregados) e comunicar os objectivos a todas as partes no projeto de construção. Tradicionalmente, os participantes no projeto resistem ao processo de mudança, a menos que acreditem que é útil e possível, o que é demonstrado através de um programa de formação adequado.

5. Personalizar as valiosas etapas existentes do LPS de acordo com os futuros projectos/organizações e eliminar etapas inúteis.

6. Estudos futuros sobre LPS podem incorporar um sistema de controlo de projectos, como o método do valor ganho, juntamente com planos de trabalho semanais para melhorar o

processo de tomada de decisões a nível operacional.

7.	Um estudo semelhante pode ser testado para diferentes projectos de construção, ou seja, infra-estruturas, comunicações, engenharia pesada, transportes, civil, cuidados de saúde, administração pública, etc.

REFERÊNCIAS

Adamu, S., & Hamid, R. A. (2012). Implementação de Técnicas de Construção Enxuta na Indústria de Construção da Nigéria. *Canadian Journal on Environmental, Construction and Civil Engineering Vol. 3, No. 4, May.*

Arayici, Y., & Aouad, G. (2010). Modelação da informação da construção (BIM) para a gestão do ciclo de vida da construção. Em S. G. Doyle (Ed.), *Construction and Building: Design, Materials, and Techniques* (pp. 99-118). NY, EUA: Nova Science Publishers.

Azhar, S. (2011, julho). Modelação da Informação da Construção (BIM): Trends, Benefits, Risks, and Challenges for the AEC Industry (Tendências, benefícios, riscos e desafios para a indústria de AEC). *Liderança e Gestão em Engenharia* (11), 241-252.

Ballard, G. (2008). O Sistema Lean de Entrega de Projetos: Uma Atualização. *Lean Construction Journal*, 1-19.

Ballard, G., & Howell, G. A. (2003). Lean project management. *Building Research & Information, 31*(2).

Ballard, G., Harper, N., & Zabelle, T. (2003). Aprender a ver o fluxo de trabalho: uma aplicação dos conceitos lean ao fabrico de betão pré-fabricado. *Engineering, Construction and Architectural Management Volume 10. Número 1.*

Banawi, A., & Bilec, M. M. (2014, 17 de fevereiro). Uma estrutura para melhorar os processos de construção: Integrando Lean, Green e Six Sigma. *International Journal of Construction Management, 14*(1), 54-55. doi:10.1080/15623599.2013.875266

Centro de Investigação Cooperativa (CRC) para a Inovação na Construção. (2007). *Adotar o BIM para a gestão de instalações: Soluções para a gestão da Sydney Opera House.* Centro de Investigação Cooperativa para a Inovação na Construção. Obtido em http://www.constructioninnovation.info/images/CRC_Dig_Model_Book_ 20070402_v2.pdf

Dave, B., Boddy, S., & Koskela, L. (2011). *Desafios e oportunidades na implementação do lean e do bim num projeto de infra-estruturas.* Highways Agency UK.Retrievedfromhttp://assets.highways.gov.uk/specialistmformation/knowle dge-compendium/2011-13

Dave, B., Koskela, L., Kiviniemi, A., Owen, R., & Tzortzopoulos, P. (2013). Implementação do Lean na construção: Lean construction and BIM. *CIRIA, C725*. London: CIRIA.

Alsehaimi A. & Koskela L. (2008a). What can be learned from studies on delay in construction, *actas da conferência 16ᵗʰ IGLC*, julho de 2008, Manchester, Reino Unido?

Alsehaimi A. & Koskela L. (2008b). Minimizing the causes of delay via implementing Lean Construction, *Proceeding of CIB Dubai Conference*, November 2008, Dubai, UAE.

Ballard, G. (1994). "O último planeador". *Conferência de primavera do Instituto de Construção do Norte da Califórnia, Monterey, CA*, 22-24 de abril.

Ballard, G. (1997). Look ahead Planning: The Missing Link in Production Control, *Proc. 5th Annual Conf. Int'l. Group for Lean Constr.*, IGLC 5, julho, Gold Coast, Austrália, 13-26.

Ballard, G. (2000). *"The last planner system of production control"*. Dissertação de doutoramento, Univ. de Birmingham, Birmingham, Reino Unido

Ballard, G., & Howell, G. (*1998*). Produção de blindagem: An Essential Step in Production Control, *Journal of Construction Engineering and Management*, ASCE, 124 (1), 11-17.

Ballard, G., & Howell, G. (2004). An Update on Last Planner, *Proc. 11th Annual Conf. Intl. Group for Lean Construction*, Blacksburg, Virginia, USA, 13.

Bell, J. (2002). Questionários. Em Coleman, M. (Ed.). *Research Methods in Educational Leadership and Management*. London: Paul Chapman, 151-171.

Berg, L. (1989). *Qualitative Research Methods for the Social Sciences*. London: Allyn and Bacon.

Brown, D. & Rodgers, S. (2002). *Doing Second Language Research*. Oxford: Oxford University Press.

Burns, A. (1999). *Collaborative Action Research for English Language* Teachers. Cambridge: Cambridge University Press.

Cohen, L., Manion, L. & Morrison, K. (2000). *Métodos de Investigação em Educação*. (5ª Ed.). New York: Routledge.

Dornyei, Z. (2002). Questionários na investigação em segunda língua: *Construction, Administration and Processing*. Mahwah, NJ: Lawrence Erlbaum Associates.

Dornyei, Z. (2003) Attitudes, Orientation and Motivations in Language Learning: *Advances in Theory Research and Applications*. Language Learning, 53 (1), 332.

Hedrick, T. E., Bickman, L. & Rog, D. J. (1993). *Applied Research Design: Um Guia Prático. Série Métodos de Investigação Social Aplicada*. Vol.32. Londres: Sage.

Dick, B. (2002) Action Research: Action and Research, disponível em http://www.scu.edu.au/schools/gcm/ar/arp/aandr.html, acedido em 08/12/2011.

Forbes, LH. Ahmed, SM., & Barcala, M. (2004) "Adapting Lean Construction Theory for Practical Application in Developing Countries." *Relatório Técnico No.22*, Faculdade de Engenharia, Universidade Internacional da Florida, Miami, FL.

Garza, J. M. D. L., & Leong, M. (2000). "Técnica do último planeador: Um estudo de caso". *Construction Congress VI: Building together for a Better Tomorrow in an Increasingly Complex World, 20 de fevereiro de 2000 - 22 de fevereiro,* Sociedade Americana de Engenheiros Civis, Orlando, FL, Estados Unidos, 680-689.

Gummesson, E. (2000*), Qualitative Methods in Management Research*, 2ª edição. Thousand Oaks, CA: Sage Publications.

Hamzeh, F.R., Ballard, G., & Tommelein, I.D. (2008). Improving Construction Workflow-The Connective Role of Lookahead Planning, *Proceedings of the 16th Annual Conference of the International Group for Lean Construction, IGLC 16*, 16-18 July, Manchester, UK, 635-646.

Howell, G. (1999). What is Lean Construction-1999, *Proceedings of 6th IGLC Conference*, California, and Berkeley?

Diekmann, J. E., Krewedl, M., Balonick, J., Stewart, T., & Won, S. (2004).

Application of Lean Manufacturing Principles to Construction. Austin, Texas: The Construction Industry Institute, Universidade do Texas em Austin.

Fontanini, P. S., & Picche, F. A. (2004). Value Stream Macro Mapping-A Case Study of Aluminum Windows for Construction Supply Chain. *12ª Conferência do International Group for Lean Construction (IGLC 12).*

Forbes, L. H., & Ahmed, S. M. (2011). *Modern construction: lean project delivery and integrated practices.* EUA: CRC Press, Taylor & Francis Group.

Formoso, C. T., Isatto, E. L., & Hirota, a. E. (1999). Método para Controle de Resíduos na Indústria da Construção Civil. *IGLC-7* (pp. 325-334). Universidade da Califórnia, Berkeley,

CA, EUA: IGLC.

Garrett, D. F., & Lee, J. (2010, 04/12). Lean Construction Submittal Process-A Case Study. *Quality Engineering, 23*(1), pp. 84-93.

Gilligan, B., & Kunz, J. (2007). *Uso de VDC em 2007: Significant Value, Dramatic Growth, and Apparent Business Opportunity [Valor significativo, crescimento dramático e oportunidade de negócios aparente].* Universidade de Stanford. Centro de Engenharia de Instalações Integradas. Recuperado de http://cife.stanford.edu/sites/default/files/TR171.pdf

Hoffman, A., & Henn, R. (2008). *Ultrapassar as barreiras sociais e psicológicas à construção ecológica.* Organ. Environ. 21(4), 390-419.

Howell, G. A. (1999). *What Is Lean Construction?* Seventh Conference of the International Group for Lean Construction (pp. 1-10). Berkeley, Califórnia, EUA: The International Group for Lean Construction.

Entrega integrada de projectos: uma definição de trabalho actualizada. (2014, 7 15). Instituto Americano de Arquitectos, Conselho da Califórnia. Obtido de

http://www.aiacc.org/wp-content/uploads/2014/07/AIACC_IPD.pdf

Jr., J. A., & Michel, J. F. (2009). Lean project delivery: A winning strategy for construction and real estate development. Grant Thornton LLP. Retrieved from:http://www.grantthornton.com/staticfiles/GTCom/files/Industries/Constr uctionRealEstateAndHospitality/BB_stand%20alone%20article_FINAL.pdf

Keys, A., Baldwin, A. N., & Austin, S. A. (2000). Projetar para encorajar a minimização de resíduos na indústria da construção. Conferência Nacional da CIBSE, CIBSE2000. Dublin.

Kim, J.-J., & Rigdon, B. (1998, dezembro). Introdução ao Design Sustentável. Centro Nacional de Prevenção da Poluição para o Ensino Superior. Recuperado de http://www.umich.edu/~nppcpub/resources/compendia/ARCHpdfs/ARCHdes Intro.pdf

Dick, B. (2002) Action Research: Action and Research, disponível em http://www.scu.edu.au/schools/gcm/ar/arp/aandr.html, acedido em 08/12/2011.

Forbes, LH. Ahmed, SM., & Barcala, M. (2004) "Adapting Lean Construction Theory for Practical Application in Developing Countries." *Relatório Técnico No.22*, Faculdade de Engenharia, Universidade Internacional da Flórida, Miami, FL.

Garza, J. M. D. L., & Leong, M. (2000). "Técnica do último planeador: Um estudo de caso". *Construction Congress VI: Building together for a Better Tomorrow in an Increasingly Complex World, 20 de fevereiro de 2000 - 22 de fevereiro,* Sociedade Americana de Engenheiros Civis, Orlando, FL, Estados Unidos, 680-689.

Gummesson, E. (2000*), Qualitative Methods in Management Research*, 2ª edição. Thousand Oaks, CA: Sage Publications.

Hamzeh, F.R., Ballard, G., & Tommelein, I.D. (2008). Improving Construction Workflow-The Connective Role of Lookahead Planning, *Proceedings of the 16th Annual Conference of the International Group for Lean Construction, IGLC 16*, 16-18 July, Manchester, UK, 635-646.

Howell, G. (1999). What is Lean Construction? -1999, *Actas da 6th Conferência IGLC*, Califórnia, e Berkeley.

APÊNDICES

Appendix A: Carta de apresentação

Olá,

Este questionário voluntário faz parte da minha investigação de tese de mestrado sobre a implementação do Lean Construction (LC) utilizando o Last Planner System (LPS) na indústria da construção civil, necessária para o mestrado. Degree. O objetivo deste estudo é examinar as causas do desperdício na indústria da construção e o que deve ser feito para o reduzir, o LPS foi implementado na NI? E deverá ser aplicado em projectos futuros?

Este questionário demora apenas 10 minutos a preencher. Por favor, sinta-se confiante ao preencher este questionário, uma vez que é confidencial e é utilizado apenas para fins de investigação. O inquérito contém três secções (1, 2 e 3). O preenchimento deste inquérito é voluntário.

Ao participar neste inquérito, está a decidir incluir as suas respostas como parte da minha investigação. Por favor, responda às perguntas da forma mais honesta possível.

Agradecemos desde já o vosso tempo e o vosso apoio.

Twana Othman M.Amin

Estudante de pós-graduação

Departamento de Engenharia Civil

Universidade do Mediterrâneo Oriental

Phone: +9647501157969

E-mail: Twana.osman@hotmail.com

Appendix B: Perguntas do inquérito

Questionnaire Form

Survey Questions Section 1 (General Information)

* Required

1. **Ginder** *

   Mark only one oval.

   - ◯ Male
   - ◯ Female

2. **Age** *

   Mark only one oval.

   - ◯ 18-24
   - ◯ 25-34
   - ◯ 35-44
   - ◯ 45 Or More

3. **Where do you work?** *

   Mark only one oval.

   - ◯ Private Sector
   - ◯ Stat Organization

4. **Your Education Level?** *

   Mark only one oval.

   - ◯ PHd
   - ◯ MSc
   - ◯ BSc
   - ◯ Other: ___________________________

5. **Your position within industry?** *

   Mark only one oval.

   - ◯ Contructor
   - ◯ Subcontractor
   - ◯ Site Engineer
   - ◯ Project Manager
   - ◯ Other: ___________________________

6. **Which organization you are working for?** *

Mark only one oval.

- ◯ Contracting
- ◯ Consultation
- ◯ Education Institutes
- ◯ Other: ___________________________________

7. **Experience within Construction industry?** *

Mark only one oval.

- ◯ Less than 1 year
- ◯ 1-5 years
- ◯ 5-10 years
- ◯ 10-20 years
- ◯ More than 20 years

Questionnaire Form

Survey Questions Section 2

* Required

1. **Do you have experience with Lean construction? ***
   If YES ,please indicate in years.
   Check all that apply.

   ☐ NO

   ☐ Less than 1 Year

   ☐ 1-3 Years

   ☐ More than 3 Years

2. **Do you have any information about Last Planer System? ***
   Mark only one oval.

   ◯ Yes

   ◯ NO   *After the last question in this section, stop filling out this form.*

3. **The results achieved, are they satisfactory or not? ***
   If yes, please rate on scale of 1 to 4 .
   Mark only one oval.

	1	2	3	4	
is the least	◯	◯	◯	◯	is the most satisfactory

Questionnaire Form

Survey Questions Section 3

* Required

1. **What are the effects of the following on the Lean construction? ***
   Mark only one oval per row.

	Has no effect	Few effect	Mid effect	Large effect
Idle time (Time between activities)	◯	◯	◯	◯
Workers and equipment movement in the workplace more than required	◯	◯	◯	◯
Transportation of materials (movement of materials in site that unnecessary) Transportation of materials (movement of materials in site that unnecessary)	◯	◯	◯	◯
Equipment presence on time	◯	◯	◯	◯
Correction or defects (when the final product doesn't meet the quality)	◯	◯	◯	◯
Underutilized individuals (peoples creativity, mental and physical abilities)	◯	◯	◯	◯
Poor communication between different disciplines	◯	◯	◯	◯
workers level of skill	◯	◯	◯	◯
Workplaces safety	◯	◯	◯	◯
Poor management	◯	◯	◯	◯

2. **Arrangement in diminishing waste in construction industry? ***
   Mark only one oval per row.

	No effect	Low	Mid	High
Government	◯	◯	◯	◯
New project management paradigm like lean construction	◯	◯	◯	◯
Having tools like LPS	◯	◯	◯	◯
Expanding the mindfulness within the industry	◯	◯	◯	◯
Ideas sharing between employees	◯	◯	◯	◯

3. How Weekly Work Plan (WWP) and Percent Plan Complete (PPC) in Last Planner System are useful to you? *

Check all that apply.

☐ Production control tool

☐ Root cause analysis tool

☐ Schedule variance measurement tool

☐ Only feedback tool

4. Please rate critical success factors (CSFs) that affect by using this method (LPS) as listed below *

considering 1 is least and 4 is most
Mark only one oval per row.

	1	2	3	4
Top management support	○	○	○	○
Contractual Commitment	○	○	○	○
Involvement of all participants	○	○	○	○
Communication and coordination between parties	○	○	○	○
Relationship with Subs	○	○	○	○

5. What were the main difficulties faced by the company during the implementation of Last Planner System? *

considering 1 is least and 4 is most
Mark only one oval per row.

	1	2	3	4
Owner's involvement	○	○	○	○
Designer/Engineer's involvement	○	○	○	○
Subcontractor's involvement	○	○	○	○
Contractor's involvement	○	○	○	○
Educate participants with LPS	○	○	○	○

6. Implementation challenges at organizational level Instructions: Below you will find a
series of statements about your experiences with implementation and use of Last
Planner System (LPS) - on all the projects that you have done using LPS. Some items
may sound similar, but they address slightly different issues. Please respond to all
items. Indicate your degree of agreement with each statement by placing the
appropriate number in the box next to each item. *

Please use the following grid: 1-Strongly Disagree 2- Disagree 3-Agree 4-Strongly Agree
Mark only one oval per row.

	Strongly Disagree	Disagree	Agree	Strongly Agree
There is a strong leadership in my organization for implementing LPS.	◯	◯	◯	◯
Management in my organization is committed to the implementation and use of LPS.	◯	◯	◯	◯
In my organization people are reluctant to implement and use LPS for planning and control purposes.	◯	◯	◯	◯
In my organization people are unwilling to change, when new systems are introduced.	◯	◯	◯	◯
In my organization people are not skilled at using LPS.	◯	◯	◯	◯
In my organization people do not have enough knowledge in using LPS for planning and control purposes.	◯	◯	◯	◯
In my organization people find it hard to use the LPS.	◯	◯	◯	◯
In my organization people find it difficult to collaborate with the teams from other organizations during the weekly-work-plan meetings.	◯	◯	◯	◯
My organization faces external conflicts (example: lack of client support or subcontractor support) and challenges in implementing and using LPS.	◯	◯	◯	◯

7. Do you think that this method (LPS) should be used in the future projects? *
Mark only one oval.

◯ YES

◯ MAY BE

◯ NO

Printed by Books on Demand GmbH, Norderstedt / Germany